Nagesh Gawade
S. G. Bhalekar
Vaibhav Wadekar

Avaliação de diferentes genótipos de gaillardia (G. pulchella L.)

Nagesh Gawade
S. G. Bhalekar
Vaibhav Wadekar

Avaliação de diferentes genótipos de gaillardia (G. pulchella L.)

ScienciaScripts

Imprint

Any brand names and product names mentioned in this book are subject to trademark, brand or patent protection and are trademarks or registered trademarks of their respective holders. The use of brand names, product names, common names, trade names, product descriptions etc. even without a particular marking in this work is in no way to be construed to mean that such names may be regarded as unrestricted in respect of trademark and brand protection legislation and could thus be used by anyone.

Cover image: www.ingimage.com

This book is a translation from the original published under ISBN 978-620-2-05962-6.

Publisher:
Sciencia Scripts
is a trademark of
Dodo Books Indian Ocean Ltd. and OmniScriptum S.R.L publishing group

120 High Road, East Finchley, London, N2 9ED, United Kingdom
Str. Armeneasca 28/1, office 1, Chisinau MD-2012, Republic of Moldova, Europe
Printed at: see last page
ISBN: 978-620-7-89814-5

ÍNDICE

Capítulo 1   2

Capítulo 2   7

Capítulo 3   43

Capítulo 4   54

Capítulo 5   101

Capítulo 6   111

Capítulo 7   116

Capítulo 1

1. INTRODUÇÃO

As flores são o presente mais querido da natureza para a humanidade. A sua importância do ponto de vista estético, ambiental, económico e medicinal não pode ser subestimada. No entanto, nem todas as flores são igualmente admiradas, as preferências variam consoante o período da história, de pessoa para pessoa e também dependem do local. As flores foram amplamente referidas nos antigos clássicos sânscritos como Rigveda, Ramayana, Mahabharata, *etc.,* onde a beleza e a divindade são descritas. As flores, como a rosa, o crisântemo, o gladíolo, o cravo, a gerbera, a tuberosa, a orquídea, o antúrio, os lírios, etc., são utilizadas com frequência para muitos fins, tanto no mercado local como no mercado internacional. As flores estão intimamente associadas à humanidade desde os primórdios da civilização e simbolizam a beleza, o amor, a pureza e a paz. As flores, a beleza suprema da criação de Deus, são parte inseparável da alegria e da tristeza humanas. Diz-se que o homem nasce com as flores, vive com as flores e, finalmente, morre com as flores. As flores são utilizadas para vários fins na nossa vida quotidiana, como o culto, as funções religiosas e sociais, o casamento, a decoração de interiores e o auto-adornamento. É muito comum dizer-se que as flores são utilizadas para transmitir os sentimentos humanos.

A utilidade e a importância das flores foram reconhecidas em todo o mundo e, nesta era moderna, a floricultura tornou-se uma indústria rentável nos últimos anos, tanto para o mercado interno como para a exportação. Para além do consumo interno, a floricultura tem um enorme potencial de exportação.

Em todo o mundo, há uma procura crescente de decoração de locais de habitação e de trabalho com elementos amigos do ambiente, como folhagens frescas, flores, partes de plantas secas e flores secas. A Índia tem condições climáticas diversas, que são propícias ao cultivo de todos os tipos de flores ao longo do ano.

A Gaillardia (*Gaillardia pulchella* L.) é uma das mais importantes culturas de flores de Maharashtra, cultivada à escala comercial como flor solta. Na Índia, a Gaillardia é cultivada durante todo o ano. O nome genérico *Gaillardia* foi proposto em honra do Sr. M. Gaillard, um patrono francês da botânica, que a cultivou pela primeira vez. Os Estados Unidos centrais e ocidentais são considerados como a sua origem. É conhecida popularmente como "flor de cobertor" e pertence à família das asteráceas. É uma das plantas anuais mais resistentes e pode ser cultivada numa vasta gama de climas tropicais a temperados. Prefere um solo franco-arenoso bem drenado e uma situação soalheira. O estado de fertilidade média do solo é ideal para o sucesso do cultivo desta cultura. Suporta, até certo ponto, a salinidade do solo. É uma planta perfeita para canteiros de flores, bordaduras e recantos. As flores são simples ou duplas e têm cores diferentes: vermelho, amarelo alaranjado, vermelho com pontas amarelas, amarelo com pontas vermelhas, escarlate bronzeado e outras. É também utilizada em ramos, grinaldas e como flor solta. É uma planta de substituição do crisântemo e do áster da China. (Bose *et al.* 2003)

Há cerca de vinte e oito espécies registadas no género Gaillardia, mas apenas duas delas, *Gaillardia pulchella* (anual) e *Gaillardia aristica* (perene), são cultivadas. *Gaillardia pulchella* é diploide (2n=36), como referido por Morinaga *et al.* (1929), e *Gaillardia aristata* é diploide (2n=36) por Cooper e Mahony, 1936, e teraplóide (2n=78) por Atwood, 1937. Os seres humanos têm uma ligação emocional com as flores devido às suas utilizações e à sua estreita associação com a cultura indiana. Todas as ocasiões são enfeitadas com flores. As flores proporcionam rendimentos mais elevados por unidade de superfície do que outras culturas. Por conseguinte, a floricultura está a emergir como um empreendimento importante no cenário indiano. Na Índia, esta indústria está a ganhar importância no mercado interno e no mercado de exportação.

As Gaillardia são cultivadas em bordaduras herbáceas, canteiros e são também adequadas para flores de corte. Para além da sua utilidade na paisagem, *a Gaillardia pulchella* é útil na redução da erosão em zonas de dunas costeiras (Carig, 1977). *A Gaillardia aristata* é adequada para terrenos secos e requer pouca manutenção (Cox e

Klett, 1984; Robinson e Schultz, 1995). Panchaude (1990) relatou a propriedade nematicida da gaillardia, quando cultivada como cultura secundária e adubo verde. As plantas são arbustivas com ramos espalhados. As folhas são alternas, mais ou menos dentadas e ásperas. As flores nascem solitárias em cada nó, geralmente cabeças vistosas de 4 a 6 cm de diâmetro com um longo caule peludo, involucros largos, brácteas em 2 a 3 séries, lígulas 3 dentadas, dando um aspeto franjado às flores. Existem tipos simples, semi-duplos e duplos com flores simples ou multicoloridas. As flores grandes são compostas por numerosas pétalas tubulares e quilladas.

A Gaillardia propaga-se por sementes. Plante no outono e remexa as sementes no solo solto para garantir um bom contacto semente/solo. Com a humidade da chuva ou da rega, *a G. pulchella* germinará em 1-2 semanas e estabelecerá um sistema de raízes principais saudável antes da geada de inverno. Se a semente for semeada dentro de casa no final do inverno, esperar 8 semanas para que as plântulas estejam bem enraizadas antes de as transplantar no início do período sem geadas.

Após a cessação da floração, deixar as sementes amadurecerem completamente antes de as cortar para nova sementeira ou recolher para plantar numa nova área. Procure cabeças sem pétalas secas persistentes. Uma vez que *a G. pulchella* é uma planta anual, é essencial permitir que esta espécie volte a semear para uma floração abundante no ano seguinte. As sementes secas podem ser conservadas no frigorífico até quatro anos.

É uma das flores silvestres mais fáceis de cultivar. Embora a manta indiana cresça numa variedade de tipos de solo, para obter melhores resultados, escolha um local aberto a ligeiramente sombreado com solo solto e bem drenado. *A G. pulchella* apresenta frequentemente uma densidade semelhante a uma manta, que se combina com a mistura de vermelhos e amarelos brilhantes para formar uma impressionante tapeçaria de cores.

A importância comercial das flores foi percebida em todo o mundo e, atualmente, a floricultura desenvolveu-se numa forma de incentivo à agricultura.

O país tem a vantagem de dispor de diferentes zonas climáticas, bom clima e solo, mão de obra barata, terra suficiente e mão de obra qualificada (Singh, 2005).

Na Índia, a área total de floricultura é de cerca de 2,55,000 ha com uma produção de 5,43,000 MT de flores cortadas e 17,54,000 MT de flores soltas (Anónimo, 2015). Maharashtra é um estado pioneiro em que o cultivo de flores é parte integrante da sua cultura desde tempos imemoriais e é um dos estados mais importantes do país na produção de flores. Em Maharashtra, a área total de floricultura é de 23000 ha, com uma produção total de 44 000 flores cortadas e 12 27 000 toneladas de flores soltas (anónimo, 2015).

Os principais centros de comercialização de flores são cidades metropolitanas como Mumbai, Chennai, Bangalore, Deli, na Índia, e Pune, Mumbai, Nasik, Ahmednagar, Sangli, Kolhapur, Thane, Satara e Nagpur, em Maharashtra. Atualmente, a rosa, a tuberosa, o gladíolo, o crisântemo, o áster, o jasmim, a margarida e a zínia são principalmente cultivados em Maharashtra em condições de campo aberto, enquanto a gaillardia é uma cultura floral menor cultivada em pequena escala nas proximidades das cidades metropolitanas e dos locais sagrados. As flores de Gaillardia são muito utilizadas em ramos de flores, grinaldas e decoração floral. Embora se trate de uma flor comercial, até à data, muito pouco ou mesmo nenhum trabalho de investigação sobre a normalização das variedades foi efectuado nesta cultura.

Dada a importância comercial e a popularidade da cultura, existe uma grande margem para a criação de novas variedades com maior rendimento e qualidade superior das flores. Com vista a encontrar genótipos superiores com um rendimento elevado e flores de boa qualidade, a presente investigação intitulada **"Avaliação de diferentes genótipos de gaillardia (*Gaillardia pulchella* L.)"** está planeada para ser realizada na secção de Horticultura, Faculdade de Agricultura, Pune. O presente estudo foi realizado com os seguintes objectivos

> 1) Avaliar diferentes progénies de Gaillardia para caracteres quantitativos.

2) Avaliar diferentes progénies de Gaillardia para caracteres
qualitativos.

Capítulo 2
2. REVISÃO DA LITERATURA

A Gaillardia é uma das mais importantes culturas florais da família Asteraceae. É uma importante cultura de flores de Maharashtra, cultivada à escala comercial como flor solta para substituir o crisântemo e a china aster. No entanto, há muito pouca informação disponível sobre os genótipos adequados e o seu desempenho em diferentes condições agro-climáticas para a produção de flores soltas.

No caso da gaillardia, a informação disponível sobre a tecnologia de produção e o melhoramento das culturas não é adequada. Por conseguinte, o presente estudo foi planeado e realizado com o objetivo de encontrar um genótipo superior para cultivo comercial em Maharashtra. Neste capítulo, procede-se à revisão da informação publicada sobre a gaillardia e as culturas de flores conexas, com especial referência ao presente estudo.

As informações foram classificadas em termos gerais nos seguintes subtítulos.

2.1 Caracteres quantitativos

    2.1.1 Caracteres de crescimento

        2.1.1.1 Altura da planta (cm)

        2.1.1.2 Espalhamento da planta (cm)

        2.1.1.3 Número de tranças por instalação

    2.1.2 Caracteres de floração

        2.1.2.1 Dias necessários para o início da floração

        2.1.2.2 Dias necessários para 50% de floração

        2.1.2.3 Diâmetro da flor (cm)

        2.1.2.4 Número de floretes de raios por flor

    2.1.3 Caracteres de rendimento

2.1.3.1   Número de flores por planta

2.1.3.2   Peso das flores por planta (g)

2.1.3.3   Peso de 100 flores (g)

2.1.3.4   Rendimento de flores por parcela (kg)

2.1.3.5   Rendimento de flores por hectare (tonelada)

2.1.3.6   Prazo de validade (dias)

2.2 Caracteres qualitativos

2.2.1 Cor da flor

2.2.2 Forma da pétala

2.2.3 Pubescência

2.3 Caracteres quantitativos

2.3.1 Caracteres de crescimento

2.3.1.1 Altura da planta

Gaillardia

Kale (2002) estudou a variabilidade, a hereditariedade, a correlação e a análise de trajetória em gaillardia (*Gaillardia pulchella*) em Dharwad (Karnataka) e referiu que a altura das plantas variava entre 55,60 cm e 112,33 cm. A altura máxima das plantas (112,33 cm) foi registada na Indian Double Mix e a mínima (55,60 cm) na Gaiety.

Mahawer *et al.* (2009) estudaram a flor de manta para decoração e observaram que a altura da planta variava de 60,0 cm a 76,0 cm no MPUAT GOPS 1.

Agale (2012) avaliou o desempenho de diferentes genótipos de gaillardia (*Gaillardia pulchella* L.) e observou que a altura da planta aos 90, 120 e 150 dias após o transplante, o genótipo MG-9 registou a altura máxima da planta (63,47 cm), (74,73 cm) e (76,20 cm), respetivamente. sobre o resto dos genótipos.

China aster

Swaroop *et al.* (2004) efectuaram uma experiência de avaliação de variedades de china aster nas condições de Delhi e referiram que a China aster cv. Delhi Local era a mais alta, com uma altura máxima de planta (43,20 cm), enquanto a cv. Kamini era a mais anã, com uma altura mínima de planta (30,80 cm).

Kulkarni e Reddy (2006) estudaram o desempenho de seis cultivares de china aster nas condições do Norte de Karnataka. A altura máxima das plantas (66,4 cm) foi registada na cv. Phule Ganesh White, enquanto a altura mínima das plantas (49,0 cm) foi registada na cv. Kamini.

Poornima *et al.* (2006) efectuaram uma experiência sobre a avaliação de genótipos de áster da China (*Callestephus chinensis* (L.) *ness*) na zona montanhosa de Karnataka e concluíram que a altura máxima das plantas (51,80 cm) em Poornima era de 51,80 cm, enquanto a altura mínima no tipo local era de 11,37 cm.

Chavan *et al.* (2010) realizaram uma experiência sobre o desempenho das variedades de áster da China e a sua resposta a diferentes níveis de azoto e referiram que a cv. Phule Ganesh White foi superior em todos os parâmetros de crescimento, produzindo uma altura de planta significativamente máxima (44,63 cm), enquanto a altura de planta mínima foi registada na cv. Poornima (27,91 cm).

Zosiamliana *et al.* (2011) estudaram a avaliação de cultivares de áster da China (*Callestephus chinensis* (L.) *ness*) e relataram que a cv. Phule Ganesh apresentou um crescimento vigoroso em termos de altura da planta. Aos 30 dias após o transplante (DAT), a cv. Phule Ganesh Violet registou a altura máxima das plantas (10,47 cm) e a cv. Local registou a altura mínima das plantas (6,09 cm). A mesma cultivar Phule Ganesh Violet registou a altura máxima da planta aos 60 DAT (43,89cm) e aos 90 DAT (66,50cm), enquanto a altura mínima da planta foi registada na cv. Local aos 60 DAT (43,89cm) e aos 90 DAT (43,13cm).

Crisântemo

Katwate *et al.* (1992) trabalharam no desempenho de cultivares de crisântemo recentemente desenvolvidas e relataram que a cultivar 'Santi' foi observada como sendo muito anã (31,72 cm) seguida por Sharad Mala (34,95 cm). A cultivar Pandhari Rewali foi considerada robusta com 82,09 cm de altura de planta.

Gadage (2006) realizou uma pesquisa sobre a avaliação de cultivares de crisântemo (*Chrysanthemum morifolium* Ramat.) para flores de corte e relatou que a maior altura de planta (16,16cm e 33,56cm) foi registada na variedade Shymal e Ravikiran aos 30 e 60 dias após a plantação, respetivamente, e (47,98cm e 67,20cm) aos 90 e 120 dias após a plantação, respetivamente, na cultivar Suneel.

Talukdar *et al.* (2006) estudaram a avaliação de cultivares de crisântemo (*Dendranthema grandiflora* Tzevlev) em condições de estufa e de campo aberto e referiram que o crisântemo cv. Snowball registou a altura máxima das plantas (84,00 cm), seguido da cv. Sonar Bangla (79,00 cm) e a altura mínima das plantas foi registada na cv. Heather Gem (32,83cm), seguida da cv. Dorris Queen White (42,57cm).

Singh *et al.* (2008) estudaram as avaliações de plântulas de crisântemo (*Dendranthema grandiflora* Tzevlev) de polinização aberta quanto ao carácter vegetativo e floral e observaram uma altura máxima das plantas (57,41 cm) no Ac. B-3, seguido do Ac. B-7 (49,89), enquanto a altura mínima das plantas foi registada no Ac. B-25 (16,51 cm), seguido do Ac. A-115 (21,56) e Acc. B-1 (29,36cm).

Swaroop *et al.* (2008) estudaram a avaliação do germoplasma de crisântemo (*Dendranthema grandiflora* Tzevlev) no inverno, nas condições de Deli, e concluíram que a cultivar Tata Centenary registou a altura máxima das plantas (124,0 cm) durante o primeiro e o segundo ano, seguida da cv. Snow Don, que registou 123,99 cm e 124,33 cm durante o primeiro e o segundo ano, respetivamente. Enquanto que a cv. Neelima registou uma altura mínima da planta (47,66cm) durante o primeiro ano e a cv. Ajay (45,66cm) no segundo ano.

Palai (2009) trabalhou em estudos comparativos sobre o desempenho do crisântemo pulverizado em estufa aberta e naturalmente ventilada e registou uma altura máxima de planta (51,5 cm) na cv. Ratlam Selection, enquanto a cv. Punjab Gold registou uma altura mínima das plantas (18,22 cm).

Gerbera

Singh e Mandhar (2001) estudaram o desempenho de cultivares exóticas de gerbera (*Gerbera jamesonii*) em ambiente de estufa de baixo custo e ventilação natural e registaram a altura máxima da planta (53,49 cm) na variedade 'Lyonella' enquanto a altura mínima da planta (38,68 cm) em 'Whitsun'.

Singh e Ramchandran (2002) estudaram a comparação de estufas com ventilação natural e sistemas de arrefecimento evaporativo com ventoinha e almofada para a produção de gerbera e registaram a altura máxima e mínima das plantas na variedade 'Lyonella' (47,10 cm) e 'Whitsun' (35,40 cm), respetivamente. As plantas cultivadas em estufa com ventilação natural apresentaram maior altura em comparação com as plantas cultivadas em estufa com sistema de arrefecimento evaporativo por ventoinha e almofada.

Bhuyar *et al.* (2004) observaram o crescimento, a qualidade e o rendimento da gerbera em condições de estufa e registaram a altura máxima das plantas, seguida da cv. Rosalin (37,60 cm) e cv. Piton (37,40cm) enquanto que a altura mínima das plantas foi registada na cv. Cabana (30,40cm).

Dhane *et al.* (2004) observaram o desempenho de algumas cultivares exóticas de gerbera em condições de estufa com ventilação natural e relataram que a cv. Yanara apresentou uma altura de planta significativamente máxima (39,20 cm), enquanto a cv. Marmara (24,40) apresentou altura mínima de planta.

Singh e Shrivastava (2008) observaram a avaliação varietal da gerbera influenciada pelas condições de crescimento e registaram a altura máxima das plantas na cv. Dune (35,0 cm e 32,9 cm) e mínima na cv. Kozak (23,9 cm e 20,0 cm) em condições de estufa de baixo custo e rede de sombra, respetivamente.

Calêndula

O desempenho de doze variedades de calêndula foi estudado por Sharga *et al.* (1973) no National Botanical Garden, Lucknow. Eles relataram que a altura máxima da planta foi registada na variedade Toreador (113,2 cm)

Bhati e Chitkara (1989) efectuaram um ensaio varietal de calêndula nas condições de Hisar e relataram que a variedade African Giant Orange atingiu a altura máxima da planta (82,8 cm), enquanto a altura mínima da planta foi exibida pela variedade French dwarf (47,72 cm).

Mehta *et al.* (1995) efectuaram um ensaio varietal com calêndula africana na região de Konkan, em Maharashtra, e relataram que a variedade Giant Double African Orange apresentou uma altura máxima de planta na fase final de colheita (127,6 cm) e a menor altura de planta foi observada na variedade Honey Comb (43,10 cm).

Khanvilkar *et al.* (2003) estudaram um ensaio varietal de calêndula africana na zona costeira de Konkan Norte, em Maharashtra, e referiram que a variedade Orange Boom tinha uma altura máxima significativa das plantas (126,13 cm), enquanto a variedade Yellow Supreme tinha a altura mais baixa (91,55 cm).

Singh *et al.* (2003) efectuaram um ensaio de avaliação do germoplasma de calêndula em condições semi-áridas do Rajastão, tendo referido que a variedade French Spanish Bocade atingiu a altura máxima das plantas (13,48 cm e 22,56 cm) após 30 a 60 dias de transplante.

2.3.1.2 Espalhamento da planta (cm)

Gaillardia

Mahawer *et al.* (2009) estudaram a flor de manta para decoração e observaram que a maior propagação de plantas foi encontrada no MPUAT GOPS 1 (60,072,0 cm).

Agale (2012) avaliou o desempenho de diferentes genótipos de gaillardia (*Gaillardia pulchella* L.) e observou que a propagação da planta aos 90 dias após o transplante na direção E-W foi significativamente máxima no MG-9 (49,10 cm) em relação aos restantes genótipos e a propagação mínima da planta foi registada no MG-2 (44,10 cm). A dispersão das plantas na direção N-S foi mais elevada no MG-9 (46,57 cm) do que nos restantes genótipos e mínima no MG-10 (41,90 cm). O espalhamento das plantas aos 120 dias após o transplante nas direções E-W e N-S, não houve diferenças significativas entre os genótipos para este caráter. A dispersão das plantas aos 150 dias após o transplante na direção E-W foi mais elevada no MG-9 (60,40 cm) do que nos restantes genótipos e mais baixa no MG-8 (55,20 cm).

China aster

Swaroop *et al.* (2004) realizaram uma experiência de avaliação de variedades de china aster (*Callistephus chinensis* (L.) Nees.) nas condições de Delhi e referiram que a propagação máxima da planta a E-W (Este-Oeste) foi registada em Delhi Local (42,80cm), enquanto a mínima (17,60cm) na cv. Poornima e a propagação da planta na direção N-S (Norte-Sul) foi a mais elevada (57,20 cm) na Delhi Local e a mais baixa na Kamini (18,60 cm).

Jagtap (2013) realizou uma experiência de avaliação de genótipos de áster-da-china (*Callistephus chinensis* (L.) Nees.) e referiu que a propagação máxima da planta a E-W (Este-Oeste) foi registada na cv. Phule Ganesh Violet (34,3 cm) e o mínimo (18,4 cm) na cv. Local-4 e a propagação da planta em N-S (Norte-Sul) foi a mais alta (37,2 cm) na cv. Phule Ganesh Violet e a mais baixa na cv. Local-3 (20,4 cm).

Crisântemo

Chezhiyan *et al.* (1985) estudaram os caracteres biométricos de vinte e sete cultivares de crisântemo nas condições agro-climáticas do Jardim Botânico da Universidade de Coimbatore (Tamil Nadu) durante 1982-83 e 1983-84. Relataram que, durante ambos os anos, a propagação máxima das plantas (44,9cm e 22,6cm) foi observada na variedade Garden Yellow, enquanto a propagação mais baixa das plantas foi registada em Sharad Shobha (11,4cm e 6,1cm), respetivamente.

Katwate *et al.* (1992) trabalharam no desempenho de cultivares de crisântemo recentemente desenvolvidas e referiram que a propagação máxima das plantas foi observada na variedade Pandhari Rewadi (67,01 cm), enquanto Sharad Mala foi intermédia e a cultivar Santi apresentou uma propagação mínima das plantas.

Mishra (1999) efectuou ensaios no campo de investigação da unidade de floricultura, Pusa, durante 1995-96 e 1996-97 e avaliou variedades de crisântemos para cultivo em solo calcário do Bihar do Norte e observou que a propagação das plantas era significativamente mais elevada em Suneel (58,73 cm Norte-Sul e 65,60 cm Este-Oeste), enquanto a propagação da variedade Sharad Mala e Kundan era mínima (21,00 cm Norte-Sul e 20,63 cm Este-Oeste).

Gaikwad *et al.* (2002) efectuaram uma avaliação de variedades de crisântemo em condições de estufa e observaram que a propagação máxima das plantas (51,27 cm) foi registada na variedade Indira e a mínima (35,77 cm) na variedade Mountaineer após 120 dias de plantação.

Talukdar *et al.* (2006) estudaram a avaliação de cultivares de crisântemo (*Dendranthema grandiflora* Tzevlev) em condições de estufa e campo aberto e relataram que a propagação máxima de plantas foi exibida na cv. Stanly Gosling (39,50 cm), seguida da cv. Cavelia (37,00cm) e o mínimo (23,00cm) na cv. Houston em condições de campo aberto.

Singh et al (2008) estudaram as avaliações de plântulas de crisântemo (*Dendranthema grandiflora* Tzevlev) de polinização aberta quanto ao carácter vegetativo e floral e observaram que a dispersão das plantas variou de 44,27 cm a 20,04 cm. A dispersão máxima das plantas foi observada no Ac. B-3 (44,27 cm), enquanto a dispersão mínima das plantas foi observada no Ac. B-1 (20,04 cm), seguido do Ac. A-115 (22,99cm).

Gerbera

Liffering (1975) estudou o efeito da temperatura do comprimento do dia na produção de rebentos e flores da gerbera e afirmou que um comprimento do dia mais curto prevalecente durante o mês de outubro contribuía para uma maior propagação das plantas, o que indicava um comprimento do dia curto para a gerbera.

Singh e Mandhar (2001) estudaram o desempenho de cultivares exóticas de gerbera (*Gerbera jamesonii*) em estufas de baixo custo e com ventilação natural no IIHR, Bangalore, e relataram que a cv. Lyonella registou uma propagação máxima da planta (72,71 cm), enquanto a variedade 'Whitsun' registou uma propagação mínima da planta (62,16 cm).

Nair e Medhi (2002) estudaram vinte e cinco variedades de gerbera em Bay Island e registaram uma dispersão máxima das plantas (50,66 cm) na cultivar 'Versace', seguida da variedade 'Nebuloua' (48,20 cm). A dispersão mínima das plantas foi registada na variedade 'General Kaiser' (34,13 cm).

Dhane (2003) efectuou estudos sobre o desempenho varietal de cultivares exóticas de gerbera (*Gerbera jamesonii*) em condições de estufa com ventilação natural em Pune e referiu que a variedade 'Yanara' (64,23 cm) tinha a maior dispersão de plantas aos 210 dias após a plantação, seguida das variedades 'Farida' e 'Marmara' (62,06 cm e 62,03 cm), respetivamente.

Nirmal (2004), ao avaliar o desempenho de cultivares de gerbera (*Gerbera jamesonii*) em termos de quantidade e qualidade como cultura de segundo ano em estufa, observou que a variedade 'Yanara' (64,13 cm) apresentava a maior dispersão de plantas aos 210 dias após o início da segunda época, enquanto a variedade 'Tonneke' (54,03 cm) apresentava a menor dispersão de plantas.

Naik *et al.* (2006) indicaram o desempenho comparativo de cultivares de gerbera (*Gerbera jamesonii* Bolus ex Hooker F.) em estufa com ventilação natural e relataram que a cv. Alberino apresentou uma dispersão máxima de plantas (73,38 cm) e uma dispersão mínima de plantas (54,07 cm) na cv. Cassiana.

Calêndula

Bhati e Chitkara (1989) escreveram uma nota sobre o desempenho comparativo de três cultivares de calêndula e descobriram que a propagação máxima das plantas nas direcções Este-Oeste e Norte-Sul foi na variedade African Giant Yellow (49,38cm e 49,88cm respetivamente), enquanto que a menor propagação das plantas foi observada na variedade French Dwarf (36,69cm e 37,56cm respetivamente).

Mehta *et al.* (1995) observaram o desempenho da calêndula africana (*Tagetes erecta*) na região de konkan, em Maharashtra, e referiram que a variedade Giant Double African Orange apresentava uma dispersão máxima (62,47 cm), enquanto a variedade Snow White apresentava uma dispersão mínima (37,60 cm).

Khanvilkar (2000) estudou o desempenho de variedades híbridas de calêndula (*Tagetes spp. h.*) em condições agro-climáticas de konkan e verificou que a variedade Pusa Narangi Gainda tinha uma propagação máxima de plantas (51,62cm) enquanto a Inca Orange tinha uma propagação mínima de plantas (46,12cm).

Singh *et al.* (2003), num ensaio de avaliação de germoplasma de calêndula constituído por 12 cultivares em condições semi-áridas do Rajastão, referiram que a propagação máxima das plantas na direção E-W foi registada na cultivar de calêndula francesa Orange Gate (14,06 cm) e a mínima na Petitite Yellow (5,10 cm) aos 30 dias após a transplantação, enquanto a propagação máxima das plantas aos 60 dias após a transplantação foi registada na Orange Gate (27,36 cm) e a mínima na Marry Jane Flame (11,16 cm).

2.3.1.3 Número de ramos por planta

Gaillardia

Kale (2002) estudou a variabilidade, a hereditariedade, a correlação e a análise de trajetória em gaillardia (*Gaillardia pulchella*) em Dharwad (Karnataka) e referiu que o número de ramos por planta variava entre 22,67 e 30,27. O número máximo de ramos registado na Indian Double Mix (30,27) e o mínimo na Mudigere Local (22,67).

Mahawer *et al.* (2009) estudaram a flor de manta para decoração e observaram que o número de ramos variou de 15,0 a 28,0 e o máximo em MPUAT GOPS 1 (28,0).

Agale (2012) avaliou o desempenho de diferentes genótipos de gaillardia (*Gaillardia pulchella* L.) e observou que o número de ramos primários por planta de genótipos de gaillardia aos 90 dias após o transplante, o MG-9 registou significativamente o número máximo de ramos por planta (20,47) sobre o resto dos genótipos. O MG-6 (19,80) foi igual ao MG-9. Os restantes genótipos registaram um número de ramos primários por planta entre 17,40 e 19,13. O número de ramos secundários por planta aos 90 dias após o transplante foi registado no MG-9 (52,47) em relação aos restantes genótipos. O número de ramos secundários por planta aos 120 dias após o transplante foi registado no MG-9 (55,80). Os restantes genótipos registaram um número de ramos por planta entre 45,00 e 52,80. O número de ramos por planta aos 150 dias após o transplante foi registado no MG-9 (58,60). Os restantes genótipos registaram um número de ramos por planta entre 49,67 e 52,73.

China aster

Poornima *et al.* (2006) realizaram uma experiência sobre a avaliação de genótipos de áster da China (*Callestephus chinensis* (L.) *ness*) na zona montanhosa de Karnataka e concluíram que Violet Cushion (17,99) registou um número de ramos significativamente mais elevado do que os restantes genótipos.

Crisântemo

Gaikwad e Patil (2001) efectuaram um estudo sobre a avaliação de variedades de crisântemo em condições ao ar livre e em estufa e referiram que foi obtido um número significativamente máximo de ramos na variedade 'Indira' (15,61), enquanto a variedade 'Nanako' produziu o número mais baixo (8,29).

Isac e Chezhiyan (2002) avaliaram cultivares de crisântemo quanto à produção e características relacionadas e observaram que o maior número de ramos por planta (20,80) foi produzido pela variedade Acc. 4, enquanto a Acc. 115 registou um menor número de ramos (6,30).

Swaroop *et al.* (2008) estudaram a avaliação do germoplasma de crisântemo (Dendrenthema grandiflora Tzevlev) no inverno, nas condições de Deli, e referiram que a cv. Yellow Bangla registou um número máximo de ramos por planta (21,33) durante o primeiro ano e 19,0 durante o segundo ano, enquanto o mínimo (3,00 e 3,33) foi registado pela cv. Pc-39 durante o primeiro e o segundo ano, respetivamente.

Palai (2009) trabalhou em estudos comparativos sobre o desempenho do crisântemo pulverizado em estufas abertas e ventiladas naturalmente e relatou que o número de rebentos por planta, Acc. 33 registou o valor mais elevado (8,7), enquanto o mais baixo (2,8) foi observado no Acc. 12, que está a par do Acc. 20 (2,9) e Acc. 26 (3,10). O Acc. 33 (30.90) registou o número máximo de rebentos seguido do Acc. 29 (30.70).

Calêndula

Srivastava *et al.* (2002) realizaram uma experiência de investigação sobre o efeito do espaçamento e do beliscão da calêndula no crescimento e na floração da variedade Pusa Narangi Gainda e observaram que um número significativamente máximo de ramos (41,08) foi obtido com um espaçamento mais largo e beliscão aos 40 dias após a transplantação.

Khanvilkar *et al.* (2003) avaliaram o desempenho da calêndula africana (*Tagetes erecta*) na zona costeira do Konkan Norte de Maharashtra e observaram que o número de ramos era o mais elevado na Orange Boom (18,85) e o mais baixo na variedade local de controlo (11,38).

Singh *et al.* (2003) estudaram a avaliação do germoplasma de calêndula em condições semi-áridas do Rajastão e observaram que a cultivar African Marigold ' African Double Perfection' apresentou o número máximo de ramos (9,45 e 17,74) aos 30 e 60 DAT, respetivamente, e a 'Deep Orange' apresentou o número mais baixo de ramos (5,98 e 11,42) aos 30 e 601 DAT, respetivamente.

Singh e Singh (2006) observaram a caraterização de genótipos de calêndula africana (*Tagetes erecta*) usando caracteres morfológicos e notaram que o número de ramos primários por planta no final do quarto mês após o transplante foi máximo (18,67) no TEG 8 e mínimo no TEG 23.

Singh e Misra (2008) indicaram o desempenho comparativo de diferentes genótipos de calêndula (*Tagetes erecta*) e concluíram que o número máximo de ramos primários por planta foi de 27,33 e 26,0 durante 2005-06 e 2006-07, respetivamente, em 'French Dwarf', enquanto o número máximo de ramos secundários por planta foi de 74,00 e 75,61 em 'French Dwarf" durante 2005-06 e 2006-07, respetivamente.

Singh *et al.* (2008) efectuaram uma investigação sobre a avaliação de genótipos de calêndula africana (*Tagetes erecta*) em Uttarakhand e indicaram que o número de ramos secundários por planta era significativamente mais elevado no germoplasma TEG 17 e TEG 19 (47,0 e 43,0), respetivamente.

2.3.2 Caracteres de floração

2.3.2.1 Dias para o início da floração

China aster

Zosiamliana *et al.* (2011) estudaram a avaliação de cultivares de china aster (*Callistephus chinensis* (L.) Nees.) e concluíram que a cv. Phule Ganesh Pink registou menos dias para a iniciação do primeiro botão floral (57,20 dias) seguida da cv. Phule Ganesh White (61,33 dias) e o máximo na cv. Local (65,93 dias).

Jagtap (2013) realizou uma experiência sobre a avaliação de genótipos de china aster (*Callistephus chinensis* (L.) Nees.) e relatou que a cultivar Kamini foi a mais precoce na iniciação da flor (76 dias), enquanto a cv. Local-4 necessitou de mais dias (91,4 dias) para a iniciação floral.

Crisântemo

Katwate *et al.* (1992) trabalharam no desempenho de cultivares recém-desenvolvidas de crisântemo e relataram que a cv. Sharad Mala foi muito precoce (93,11 dias) em relação aos dias necessários para a floração, enquanto que a cultivar Pandhari Rewadi (159,98 dias) precisou de mais tempo para florescer.

Tiwari e Shanker (1994) estudaram a avaliação de cultivares de crisântemo (*Chrysanthemum morifolium* Ramat.) para flores de corte, com especial referência à exportação de tecnologia, comércio e tendências da floricultura, e referiram que a cv. Appu necessitou de um mínimo (81,68 dias), enquanto a cv. Maghi exigiu o máximo (145,14 dias) para a floração.

Gaikwad e Dumbre Patil (2001) estudaram a avaliação de variedades de crisântemo em condições abertas e em estufa e relataram que a cv. Solu Local apresentou um número mínimo de dias (120,21 dias) para a iniciação do botão floral, enquanto o número máximo de dias para a iniciação do botão floral (143,19 dias) foi exigido pela cv. Spray Purple em crisântemo.

Talukdar *et al.* (2003) observaram a extensão da variação genética para caracteres de crescimento e florais em cultivares de crisântemo nas condições de Assam e notaram que a cv. Marble Queen necessitou de um máximo de (108,66) dias para a floração.

Swaroop *et al.* (2006) estudaram a avaliação de uma cultivar padrão de crisântemo em condições de estufa de baixo custo e em campo aberto e relataram que a cv. Thai Chen Queen foi a mais precoce na iniciação do botão floral (89,66 dias) em campo aberto, enquanto a cv. Poornima levou mais dias para iniciar o botão (104,0 dias). Em condições de estufa a cv. Snow Ball e Snow Don tiveram menos dias para a iniciação do botão (100.33 dias) enquanto o máximo de dias foi levado pela cv. Poornima (108.33 dias).

Gerbera

Kim *et al.* (1990) estudaram a cultura da flor de corte de gerbera durante todo o ano, as suas características e o ensaio de rendimento e referiram que as variedades de gerbera 'Clementine', 'Terramint' e 'Terracalypso' floresceram cerca de 9-14 semanas após a plantação, com o primeiro pico de floração aos 7-8 meses após a plantação.

Ambad *et al.* (2001), nos seus estudos sobre seis variedades prometedoras de gerbera, observaram que as variedades 'Angela' e 'Polar' iniciaram a floração aos 37 e 97 dias após a plantação, respetivamente.

Patil *et al.* (2002), na avaliação de variedades de gerbera em estufa, observaram que o número mínimo de dias necessários para a abertura da flor (37,40 dias) e o máximo na cv. 'tara' (59,30 dias).

Dhane (2003) avaliou o desempenho varietal de cultivares exóticas de gerbera (*Gerbera jamesonii*) em condições de estufa com ventilação natural e referiu que a variedade 'Aida' necessitava do maior número de dias (80,90 dias) para a floração, enquanto a variedade 'Sangria' necessitava do menor número de dias (63,30 dias) para a primeira floração, seguida da 'Marmara' (64,86 dias).

Dona *et al.* (2004) realizaram uma experiência sobre o desempenho comparativo de plantas de gerbera propagadas por rebentos e cultura de tecidos em estufa e relataram que a primeira abertura de flores foi 120,7 dias após a plantação na cultivar 'Thalassa' e noutras cultivares como 'Sangria' e 'Pink Elegance' foi 124,1 dias e 126,9 dias, respetivamente.

Calêndula

Parmar e Singh (1983) estudaram o efeito de reguladores de crescimento de plantas no crescimento e nos caracteres de floração da calêndula africana (*Tagetes erecta* L.) cv. Fantastic e indicaram que as plantas de controlo necessitavam de 35,1 dias para iniciar a floração a partir do transplante.

Mehta *et al.* (1995) avaliaram o desempenho da calêndula africana (*Tagetes erecta*) na região de Konkan, em Maharashtra, e observaram que as variedades diferiam significativamente no que respeita ao início da floração. A variedade MDU-1 registou significativamente mais dias para o início da floração (73,17 dias) e menos dias para a Honey Comb (46,53 dias).

Khanvilkar *et al.* (2003) avaliaram o desempenho da calêndula africana (*Tagetes erecta*) na zona costeira do Konkan Norte, em Maharashtra, e observaram que a variedade Yellow Supreme apresentou floração precoce (42,00 dias), enquanto a variedade Orange Boom apresentou floração tardia (54,13 dias).

Yadav *et al.* (2004) estudaram o efeito do espaçamento e dos níveis de azoto no crescimento e na floração da calêndula, tendo referido que a emergência das flores ocorre cedo (57,05 dias) com uma dose de azoto de 120 kg/ha, enquanto no controlo ocorre aos 60,02 dias.

2.3.2.2 Dias até 50% de floração

Gaillardia

Kale (2002) estudou a variabilidade, a hereditariedade, a correlação e a análise da trajetória em gaillardia (*Gaillardia pulchella*) em Dharwad (Karnataka) e referiu que a Indian Double Mix necessitava de um maior número de dias (108 dias) enquanto que a Mudigere Local necessitava de um menor número de dias (79,67 dias) para 50% de floração.

Agale (2012) avaliou o desempenho de diferentes genótipos de gaillardia (*Gaillardia pulchella* L.) e observou que o mínimo (94,00 dias) necessário para 50% de floração no MG-2 sobre o resto dos genótipos. Os genótipos MG-12 (96,0 dias), MG-8 (96,67 dias), MG-1 (97,33 dias), MG-3 (97,67 dias) foram iguais ao MG-2. Os outros genótipos variaram de 99,67 a 104,00 dias para 50 % de floração.

Crisântemo

Gaikwad *et al.* (2002), na avaliação de variedades de crisântemo em condições de estufa e ao ar livre, observaram que a variedade Solu Local registou um número mínimo de dias (120,21 dias) para a floração, enquanto o máximo (143,19 dias) foi registado pela variedade Spray Purple.

Talukdar *et al.* (2003) observaram a extensão da variação genética para caracteres de crescimento e florais em cultivares de crisântemo nas condições de Assam e notaram que a floração mais precoce de 50 por cento foi registada em Prof. Haris (78,66), enquanto o tempo mais longo para Red Anemone (113,33 dias).

Dilta *et al.* (2005) estudaram a avaliação de cultivares de crisântemo na região subtropical de Himachal Pradesh e relataram que a cv. Surf foi a mais precoce e levou 89,67 dias para florescer, enquanto o número máximo de dias para a floração (131,67 dias) foi registado na cv. Gulmohar.

Gerbera

Singh e Mandhar (2001) estudaram o desempenho de cultivares exóticas de gerbera (*Gerbera jamesonii*) num ambiente de estufa de baixo custo com ventilação natural e registaram que a gerbera começou a florescer aos 50% (38,22 dias) na cv. White Sun e a menor floração foi observada na cv. Tiramisu (86,66 dias).

Bhuyar *et al.* (2004) indicaram que o crescimento, a qualidade e o rendimento da gerbera em condições de estufa e mostram que a cultivar Ruby Red (37,01 dias) registou o período mais curto, enquanto a Rodis registou o período máximo para a iniciação dos botões florais (86,53 dias).

Calêndula

Ravindran *et al.* (1986) estudaram o efeito do espaçamento e dos níveis de azoto no crescimento e na floração da calêndula e referiram que o número de dias necessários para 50% de floração não diferia significativamente com os diferentes níveis de espaçamento, mas diferia significativamente com os níveis de azoto, tendo-se verificado uma floração precoce aos 48,48 dias com a aplicação de 90 kg/ha, enquanto na testemunha foram necessários 53,09 dias para 50% de floração.

Mehta *et al.* (1995), num ensaio vatrietal com calêndula na região de Konkan, Maharashtra, referiram que os dias para 50% de floração eram mais precoces na variedade Honeycomb (51,67 dias), enquanto que eram tardios na variedade MDU-1 (76,67 dias).

Sharma *et al.* (2003) observaram o efeito da época de plantação no crescimento e na produção de flores de calêndula (*Tagetes erecta*) em sub-montanhas baixas de Himachal Pradesh e referiram que a cultura plantada em agosto demorava um número mínimo de dias a atingir 50 por cento de floração (59,67 dias), mas a cultura plantada de outubro a janeiro demorava 153,90 dias a florescer.

Singh *et al.* (2003), na avaliação do germoplasma de calêndula em condições semi-áridas do Rajastão, observaram que os dias até 5% de floração eram mínimos na variedade Golden Gate e máximos na Petite Yellow.

2.3.2.3 Diâmetro da flor (cm)

Gaillardia

Kale (2002) estudou a variabilidade, a hereditariedade, a correlação e a análise de percurso em gaillardia (*Gaillardia pulchella*) em Dharwad (Karnataka) e referiu que o diâmetro máximo das flores foi registado em KRC-1 (6,03 cm), enquanto o mínimo foi registado em Bangalore Local (4,73 cm).

Mahawer *et al.* (2009) estudaram a flor de manta para decoração e observaram que o diâmetro da flor foi registado entre 5,6 e 6,0 cm em MPUAT GOPS 5.

Agale (2012) avaliou o desempenho de diferentes genótipos de gaillardia (*Gaillardia pulchella* L.) e observou que o diâmetro máximo significativo da flor foi produzido pelo MG-6 (7,27 cm) em relação aos demais genótipos. O diâmetro das flores dos restantes genótipos variou entre 4,67 e 6,47 cm.

China aster

Sreenivasulu *et al.* (2004) observaram os parâmetros de rendimento e qualidade influenciados pelas estações do ano e pelos genótipos de áster da China e registaram o diâmetro máximo das flores na cv. Phule Ganesh White (7,68 cm), seguida da cv. Phule Ganesh Violet (7,03 cm) e o diâmetro mínimo da flor na cv. Kamini (5,20 cm) seguida da cv. Namadhari Pink (5,27 cm) na China aster.

Swaroop *et al.* (2004) efectuaram uma experiência de avaliação de variedades de China aster em condições de Delhi e referiram que o diâmetro máximo das flores na cv. Poornima (7,44 cm), que estava a par da cv. Delhi Local (7,34 cm) e o diâmetro mínimo da flor foi observado na cv. Shashank (6,20 cm).

Kulkarni e Reddy (2006) estudaram o desempenho de seis cultivares nas condições do Norte de Karnataka e referiram que a cv. Phule Ganesh White apresentou um diâmetro máximo de flor (8,2 cm), seguida da cv. Phule Ganesh Purple (6,8 cm) e o diâmetro mínimo da flor registado na cv. Kamini (5,8 cm), seguida da cv. Violet

Cushion e Phule Ganesh Violet (6,3 cm).

Zosiamliana *et al.* (2011) estudaram a avaliação de cultivares de áster da China (*Callestephus chinensis* (L.) *ness*) e relataram que a cv. Phule Ganesh White teve diâmetro máximo de flor (7,37 cm), enquanto a cv. Local (4,79 cm) teve diâmetro mínimo de flor, seguida pela cv. Kamini (5,71 cm).

Crisântemo

Katwate *et al.* (1992) trabalharam no desempenho de cultivares recém-desenvolvidas de crisântemo e relataram que o diâmetro máximo da flor na cv. Sonali Tara (5,13 cm) e o diâmetro mínimo da flor na cv. Vasantika (2,46 cm).

Damake *et al.* (1998) avaliaram o desempenho de variedades de crisântemos na produção de flores e observaram que a cv. Garden State (6,20 cm) enquanto o diâmetro mínimo da flor foi registado na cv. Appu (2,25 cm).

Mishra (1999) efectuou ensaios no campo de investigação da unidade de floricultura, Pusa, durante 1995-96 e 1996-97, e avaliou variedades de crisântemos para cultivo em solo calcário de Bihar Norte e concluiu que a variedade cv. Syamal produziu flores significativamente maiores (5,60 cm) e a cv. Vasantika produziu a flor mais pequena (1,52 cm).

Gaikwad *et al.* (2002), na avaliação de variedades de crisântemo em condições de estufa, observaram que o diâmetro máximo da flor na cv. Mountaineer (8,07 cm) e o diâmetro mínimo da flor na cv. Spray Purple (5,86 cm).

Isac e Chezhiyan (2002) na avaliação de cultivares de crisântemo para rendimento e características relacionadas observaram que o diâmetro máximo foi registado no acesso Acc. 103 (7,17 cm) e o mínimo no Acc. 109 (3,30 cm).

Dhiman (2003), na avaliação de germoplasma de crisântemo para cultivo comercial nas condições de Kullu Valley, registou que o maior diâmetro de flor foi observado na cv. Pink Prince (11,8 cm) e a cv. Ajay produziu o menor diâmetro de flor (4,30 cm).

Mishra *et al.* (2006), nos estudos de variabilidade genética em crisântemos do tipo spray, mostraram que o diâmetro da flor era máximo na cv. 19 (A-25) (7,98 cm) e o diâmetro mínimo da flor na cv. 1 (A-23) (4,41 cm).

Swaroop *et al.* (2008) estudaram a avaliação do germoplasma de crisântemo (*Dendranthema grandiflora* Tzevlev) no inverno, nas condições de Deli, e concluíram que o diâmetro máximo da flor na cv. Snow Don (10,83 cm) e o mínimo na cv. Ajay (4,06 cm) em 2005. Em 2006, a cv. Thai Chin Queen apresentou o diâmetro máximo da flor (14,33 cm) e o diâmetro mínimo da flor foi apresentado pela cv. Ajay (4,06 cm).

Joshi *et al.* (2009) avaliaram o desempenho de diferentes variedades de crisântemo na produção de flores nas condições do Norte de Gujarat e registaram o diâmetro máximo da flor na cv. Nilima (7,32 cm) e o diâmetro mínimo da flor foi registado na cv. Mayur (3,70 cm).

Gerbera

Patil *et al.* (2002) na avaliação de variedades de gerbera em estufa registaram um diâmetro máximo da flor (5,90 cm) na variedade 'Twiggy' e um mínimo na 'Aruba' nas condições de Pune.

Parthasarthy e Nagaraju (2003) realizaram uma experiência de avaliação da gerbera em Meghalaya e referiram que as flores são de tamanho mais pequeno durante os meses mais frios de outubro-novembro (9,42 cm de diâmetro), enquanto durante os meses de verão de abril-maio o tamanho das flores era de (9,57-9,65 cm).

Dhane *et al.* (2004) observaram o desempenho de algumas cultivares exóticas de gerbera em condições de estufa ventilada naturalmente e relataram que o maior diâmetro de flor (11,69 cm) na variedade 'Sunway' foi igual ao da variedade 'Yanara', que produziu flores com diâmetro (11,09 cm) e a variedade 'Tonneke' produziu flores com diâmetro mínimo (8,82 cm) nas condições de Pune.

Dalal *et al.* (2005) avaliaram o desempenho de diferentes variedades de gerbera (*Gerbera jamesonii* Bolus ex Hooker F.) em condições de estufa e observaram que o diâmetro máximo das flores foi registado na cv. Yellow Venus (11,59 cm), enquanto a cv. Torro apresentou um diâmetro mínimo de flor (9,08 cm).

Calêndula

Khanvilkar *et al.* (2003) avaliaram o desempenho da calêndula africana (*Tagetes erecta*) na zona costeira do Konkan Norte de Maharashtra e observaram que o diâmetro máximo da flor foi registado na cv. African Giant Mixed (7,12 cm) seguida da cv. Orange Boom (7,10 cm), enquanto o diâmetro mínimo das flores foi registado na cv. Local (4,87 cm) de calêndula.

Yadav *et al.* (2004) estudaram o efeito do espaçamento e dos níveis de azoto no crescimento, floração e produção de flores de calêndula (*Tagetes erecta* L.) e observaram que o diâmetro máximo das flores era de 7,21 cm.

Namita *et al.* (2008) nos seus estudos sobre variabilidade genética, hereditariedade e avanço genético em genótipos de calêndula francesa (*Tagetes patula*) observaram que o diâmetro da flor era máximo na cv. Fr.Sel.2 (5,77 cm) e o diâmetro mínimo da flor na cv. Fr.Sel.3 (3,47 cm).

2.3.2.4 Número de floretes raiados por flor Gaillardia

Kale (2002) estudou a variabilidade, a hereditariedade, a correlação e a análise de percurso em gaillardia (*Gaillardia pulchella*) em Dharwad (Karnataka) e referiu que o número de flores de raios variava entre 13,13 e 81,60. O máximo de flores de raios foi registado em Mudigere Local e o mínimo em KRC-1.

Agale (2012) avaliou o desempenho de diferentes genótipos de gaillardia (*Gaillardia pulchella* L.) e observou que o número significativamente máximo de florzinhas de raio por flor foi registrado por MG-9 (147,53) seguido por MG-5 (147,50), MG-6 (146,40), MG-11 (144,27), MG-3 (143,27), MG-4 (142,73), MG-7 (142,20), MG-1 (140,40), MG-14 (140,27) e MG-2 (139,80). Os restantes genótipos variaram entre 94,07 e 134,27. **Crisântemo**

Talukdar *et al.* (2003) efectuaram uma investigação sobre a extensão da variação genética para caracteres de crescimento e florais em cultivares de crisântemo nas condições de Assam e observaram que o número mais elevado de florzinhas de raio se encontrava na Purple Decorative (277,00) e na Yellow Button (221,66), enquanto que o mínimo se encontrava na Red Anemone (32,33).

Swaroop *et al.* (2008) estudaram a avaliação do germoplasma de crisântemo (Dendrenthema grandiflora Tzevlev) no inverno, nas condições de Deli, e indicaram que o número mais elevado de flores de raios foi registado na variedade Thai Chin Queen (276,33) e o mínimo na variedade Snowball (89,33) em 2005. Em 2006, o número máximo de floretes de raios foi registado na variedade Flirt (308,66) e o mínimo na Snowball (90,00).

Gerbera

Patil (2001) avaliou o desempenho de variedades de gerbera (*Gerbera jamesonii*) em condições de estufa e referiu que o número máximo (9) de espirais de flores de raio por flor na variedade 'Twiggy' seguido de 'Detty' (8). O número mais baixo de espirais de flores de raios (2 cada) foi observado nas variedades "Jankfrau", "Fuego" e "Laurentius".

Borate (2002), no seu estudo sobre o ensaio varietal de gerbera em rede de sombra, registou um máximo de (6) filas de flores de raios na variedade 'Orion', seguida da variedade 'Tiramisu' (5) e 'Twiggy' (5). As variedades "Eclips", "Ringo" e "Testarossa" apresentaram 2 espirais de flores de raio cada.

Dhane (2003) avaliou o desempenho de algumas cultivares exóticas de gerbera em condições de estufa com ventilação natural e observou que o número de flores de raios foi mais elevado em Yanara (243,13) e o mais baixo em Farida (154,40).

Naik *et al.* (2006) indicaram o desempenho comparativo de cultivares de gerbera (*Gerbera jamesonii* Bolus ex Hooker F.) em estufas com ventilação natural e referiram que o número de floretes de raios foi o mais elevado registado em Scilla (72,00) e o mais baixo em Bonnie (48,33).

2.3.2.5 Comprimento do pedúnculo floral

Gaillardia

Kale (2002) estudou a variabilidade, a hereditariedade, a correlação e a análise de trajetória em gaillardia (*Gaillardia pulchella*) em Dharwad (Karnataka) e referiu que o comprimento máximo do pedúnculo floral foi observado em KRC- 1 (13,07 cm) e o mínimo em Mudigere Local (8,60 cm).

Agale (2012) avaliou o desempenho de diferentes genótipos de gaillardia (*Gaillardia pulchella* L.) e relatou que o comprimento máximo significativo do pedúnculo floral foi observado em MG-3 (27,63 cm), que foi estatisticamente igual a MG-6 (26,13 cm), MG-4 (26,10 cm) e MG-1 (25,27 cm). Os outros genótipos variaram de 17,80 a 24,20 cm.

China aster

Swaroop *et al.* (2004) efectuaram uma experiência de avaliação de variedades de áster da China em condições de Deli e referiram que o comprimento do pedúnculo floral do áster da China era máximo no Delhi Local (24,40 cm) e mínimo no Poornima (9,80 cm).

Crisântemo

Gaikwad e Dumbre Patil (2001) estudaram a avaliação de Chrysanthemum variedades em condições abertas e em estufa e observou que o comprimento do caule de pulverização foi máximo na Solu Local (60,64 cm) e mínimo na Mountaineer (32,96 cm).

Isac e Chezhiyan (2002), na avaliação de cultivares de crisântemo para rendimento e características relacionadas, observaram que o acesso Acc.103 tinha o comprimento máximo do caule (13,76 cm) e o mínimo no Acc.8 (4,51 cm). **Gérbera**

Sane e Gowda (2001) estudaram a caraterização de genótipos de gerbera (*Gerbera jamesonii*) utilizando caracteres morfológicos e referiram que o comprimento máximo do pedúnculo floral foi produzido pelo GJ 11 (70,95 cm) e o mínimo pelo GJ 21 (31,19 cm).

Singh e Mandhar (2001) avaliaram o desempenho de cultivares exóticas de Gerbera (*Gerbera Jamsonii*) em ambiente de estufa de baixo custo com ventilação natural e observaram que o comprimento máximo do pedúnculo floral foi registado em Lyonella (64,00 cm), enquanto o mínimo foi registado na cv. Tara (10,34 cm).

Bhuyar *et al.* (2004) estudaram o crescimento, a qualidade e o rendimento da gerbera em condições de estufa e referiram que o comprimento máximo do pedúnculo floral foi observado na cv. Rodis (56,79 cm), enquanto o comprimento mínimo do pedúnculo floral foi registado na cv. Charmander (40,12 cm).

Dhane *et al.* (2004) avaliaram o desempenho de algumas cultivares exóticas de gérbera em condições de estufa com ventilação natural e observaram que o comprimento máximo do pedúnculo floral foi em Yanara (70,72 cm) e o mínimo em Thalassa (54,95 cm).

Calêndula

Namita *et al.* (2008) nos seus estudos sobre variabilidade genética, hereditariedade e avanço genético em genótipos de calêndula francesa (*Tagetes patula*) observaram que o comprimento máximo do pedúnculo floral em Fr.Sel-1 (9,07 cm) e o mínimo em Fr.Sel-8 (4,53 cm).

2.3.2.6 Espessura do pedúnculo floral

Gaillardia

Agale (2012) avaliou o desempenho de diferentes genótipos de gaillardia (*Gaillardia pulchella* L.) e relatou que não houve diferenças significativas entre os genótipos para este carácter.

Gerbera

Bhuyar *et al.* (2004) estudaram o crescimento, a qualidade e o rendimento da gerbera em condições de estufa e observaram que a espessura máxima do pedúnculo floral foi observada em Rodis (0,69 cm) e a mínima em Pink Elegance (0,56 cm).

Dhane *et al.* (2004) avaliaram o desempenho de algumas cultivares exóticas de gerbera em condições de estufa com ventilação natural e observaram que a espessura mais elevada do pedúnculo floral foi registada em Farida (7,47 mm) e a mais baixa em Yanara (6,13 mm).

Wankhede *et al.* (2008) avaliaram o desempenho de variedades de gerbera sob rede de sombra e referiram que a espessura mais elevada do pedúnculo floral foi registada na Savannah (0,69 cm) e a mais baixa na Magnum (0,59 cm).

Dalal *et al.* (2005) estudaram o desempenho de diferentes variedades de gerbera (*Gerbera jamesonii* Bolus.) em condições de estufa e observaram que a espessura máxima do caule foi observada na Yellow Venus (0,84 cm) e a mínima na Sphinx (0,60 cm).

Singh e Srivastava (2008) estudaram a avaliação varietal da gerbera em função das condições de crescimento e referiram que a espessura máxima do pedúnculo floral foi observada na Essance (1,01 cm) e a mínima na Gold Spic (0,53 cm).

2.3.3 Caracteres de rendimento

2.3.3.1 Número de flores por planta

Gaillardia

Kale (2002) estudou a variabilidade, a hereditariedade, a correlação e a análise de trajetória em gaillardia (*Gaillardia pulchella*) em Dharwad (Karnataka) e referiu que o número de flores por planta variava entre 79,00 e 99,67. O número máximo de flores por planta registou-se em Bangalore Local e o mínimo em Mudigere Local.

Mahawer *et al.* (2009) estudaram a flor de manta para decoração e observaram que o número de flores por planta variava de 100 a 137 no MPUAT GOPS 1.

Agale (2012) avaliou o desempenho de diferentes genótipos de gaillardia

(*Gaillardia pulchella* L.) e observou que o número máximo de flores foi produzido por MG-9 (247,00) seguido por MG-6 (237,46) que foram estatisticamente iguais entre si. Os outros genótipos apresentaram uma variação de 190,83 a 210,46 flores por planta.

China aster

Swaroop *et al.* (2004) efectuaram uma experiência de avaliação de variedades de áster da China em condições de Deli e referiram que o número de flores era máximo na cv. Shashank (24,8) e o mínimo na cv. Poornima (16,8).

Crisântemo

Chezhiyan *et al.* (1985) estudaram os caracteres biométricos de vinte e sete cultivares de crisântemo nas condições agro-climáticas do Jardim Botânico da Universidade de Coimbatore (Tamil Nadu) durante 1982-83 e 1983-84. Eles relataram que o maior número de flores foi observado na variedade Golden Yellow Red Base 867.0 e 856.5 durante 1983 e 1984 respetivamente.

Katwate *et al.* (1992) trabalharam no desempenho de novas cultivares de crisântemo e relataram que o maior número de flores foi registado na cultivar Sharad Mala (163,38), enquanto o menor foi registado na Basanti (58,15).

Damake *et al.* (1998) avaliaram o desempenho de variedades de crisântemo na produção de flores e observaram que o maior número de flores na cv. Appu (152,60) e o menor na cv. Jayanti (14,50).

Gaikwad Dumbre Patil (2001) efectuou uma avaliação de variedades de crisântemo em condições de estufa e ao ar livre e observou que a variedade Spray Purple produziu o maior número de flores por planta (8,0), enquanto a variedade Nanako registou o menor número (4,83).

Dhiman (2003) efectuou um ensaio sobre a avaliação do germoplasma de crisântemo para cultivo comercial nas condições do vale de Kullu e referiu que o número mais elevado de flores por planta foi registado em Ajay (364,00) e o mais baixo em cv. Mountaineer (63,60).

Talukdar *et al.* (2003) observaram a extensão da variação genética para caracteres de crescimento e florais em cultivares de crisântemo nas condições de Assam e notaram que o maior número de flores por planta estava na cv. Yellow Button (242,89) e o menor na cv. Nirod (12,44).

Dilta *et al.* (2005) estudaram a avaliação de cultivares de crisântemo na região subtropical de Himachal Pradesh e relataram que a cv. Glance produziu o número máximo de flores por planta (65,67) enquanto o número mínimo de flores produzidas por planta (3,00) foi registado na cv. Pink Cloud.

Swaroop *et al.* (2008) estudaram a avaliação do germoplasma de crisântemo (*Dendranthema grandiflora* Tzevlev) no inverno, nas condições de Deli, e observaram que o número máximo de flores por planta foi registado em PC-10 (71,00) e o mínimo em Kundan (5,33) em 2005 e em 2006 o número máximo de flores foi registado em PC-28 (72,00) e o mínimo em Kundan (15,33).

Joshi *et al.* (2009) avaliaram o desempenho de diferentes variedades de crisântemo na produção de flores nas condições do Norte de Gujarat e observaram que o número de flores por planta foi o mais elevado registado na Red Gold (96,25) e o mais baixo na IIHR-6 (40,00).

Palai (2009) trabalhou em estudos comparativos sobre o desempenho do crisântemo pulverizado em estufas abertas e ventiladas naturalmente e referiu que o número de flores por planta era mais elevado na cv. Ratlam selection (8,29) e a cv. Arka Ravi registou o valor mais baixo (94,46).

Gerbera

Kandpal *et al.* (2003) estudaram a avaliação de cultivares de gerbera (*Gerbera jamesonii*) em condições de Tarai e registaram que o número de flores por planta por ano era o mais elevado em DB-232 e DB-113 (16,6) e o número mais baixo de flores por planta em PG-3 (2,8).

Dhane *et al.* (2004) observaram o desempenho de algumas cultivares exóticas de gerbera em condições de estufa com ventilação natural e relataram que o número máximo de flores por planta por estação na cv. Farida (17,66) e o mínimo em Charmander e Tonneke (14,53).

Dalal *et al.* (2005) avaliaram o desempenho de diferentes variedades de gerbera (*Gerbera jamesonii* Bolus ex Hooker F.) em condições de estufa e observaram que o número máximo de flores por planta foi registado na cv. Kozak (37,90) e o mínimo na cv. Torro (24,85).

Naik *et al.* (2006) indicaram o desempenho comparativo de cultivares de gerbera (*Gerbera jamesonii* Bolus ex Hooker F.) em estufa com ventilação natural e relataram que o número máximo de flores por planta foi na cv. Lexus (38,82) e o mínimo na cv. Lilla (20,62).

Calêndula

Bhati e Chitkara (1989) escreveram uma nota sobre o desempenho comparativo de três cultivares de calêndula e descobriram que o maior número de flores por planta foi registado na cv. French Dwarf (96,20) e o mais baixo na cv. African Giant Orange (41.00).

Singh *et al.* (2003) efectuaram um ensaio de avaliação do germoplasma de calêndula, composto por 12 cultivares, em condições semi-áridas do Rajastão, tendo constatado que o número máximo de flores por planta foi registado na calêndula francesa cv. Orange Gold (59,60) e o número mínimo de flores por planta na calêndula africana cv. Excel Mixed (45,36).

Singh *et al.* (2004) estudaram as características de crescimento e floração de *Tagetes patula* e *Tagetes minuta* influenciadas pelo germoplasma e registaram que a variedade TPG 3 tinha um número mínimo de flores por planta (62,33), enquanto a variedade TMG 1 tinha um número máximo de flores por planta (67,36).

Tomar *et al.* (2004) estudaram o efeito do pinchamento na produção de sementes e nos traços de qualidade da calêndula africana e relataram que o pinchamento desempenha um papel significativo no aumento do número de flores por planta, segundo eles o controlo tinha 17,63 flores por planta, enquanto o pinchamento leva a 48,34 flores por planta.

Singh e Singh (2006) observaram a caraterização de genótipos de calêndula africana (*Tagetes erecta*) utilizando caracteres morfológicos e notaram que o número de flores por planta foi registado no máximo em TEG 16 e no mínimo em TEG 23.

2.3.3.2 Peso das flores por planta (g)

Gaillardia

Kale (2002) estudou a variabilidade, a hereditariedade, a correlação e a análise de trajetória em gaillardia (*Gaillardia pulchella*) em Dharwad e referiu que o rendimento de flores por planta variava entre 110,40 g (Mudigere Local) e 141,27 g (Single Mix).

Mahawer *et al.* (2009) estudaram a flor de manta para decoração e observaram que o peso das flores por planta variava de 154,0 g a 351,0 g no MPUAT GOPS 1.

Agale (2012) avaliou o desempenho de diferentes genótipos de gaillardia (*Gaillardia pulchella* L.) e observou que o peso das flores por planta foi significativamente maior no MG-9 (496,80 g) seguido pelo MG-6 (460,30 g), que foi estatisticamente igual entre si. Os demais genótipos variaram de 328,90 a 423,6 g.

China aster

Swaroop *et al.* (2004) realizaram uma experiência de avaliação de variedades de áster da China nas condições de Delhi e referiram que o peso máximo de flores por planta foi registado em Poornima (126,7 g) seguido de Delhi Local (125,61 g) e o mínimo em Kamini (89,31 g).

Jagtap (2013) realizou uma experiência sobre a avaliação de genótipos de china aster (*Callistephus chinensis* (L.) Nees.) e referiu que o peso máximo de flores por planta registado na cv. Phule Ganesh White (204,9 g), enquanto o peso mínimo de flores por planta foi registado na cv. Local-2 (83,33 g).

Crisântemo

Katwate *et al.* (1992) trabalharam no desempenho de cultivares recém-desenvolvidas de crisântemo e relataram que o maior peso médio de flor foi registado em Sharad Mala (167,30 g) seguido por IIHR Sel.4 (156,90 g).

Isac e Chezhiyan (2002) efectuaram uma avaliação de cultivares de crisântemo quanto ao rendimento e características relacionadas e observaram que o peso máximo de flores por planta foi registado em Acc-4 (427,95 g) seguido de Acc-32 (289,75 g) e o mínimo em Acc-68 (14,60 g).

Joshi *et al.* (2009) avaliaram o desempenho de diferentes variedades de crisântemo na produção de flores nas condições do Norte de Gujarat e registaram que o maior peso de flores por planta foi registado em Nilima (214,04 g) e o menor em Mayur (27,93 g).

Calêndula

Mohanty *et al.* (2003) estudaram a heterose na calêndula africana e referiram que, ao comparar o desempenho médio dos progenitores e dos híbridos, a variedade Newtech Orange registou a maior produção de flores, 331,9 g por planta, seguida das linhas Bhubaneswar Local Orange, African Gold Yellow e Sutton's Orange, com 234,89 g, 234,39 g e 227,80 g por planta, respetivamente.

Namita *et al.* (2008), nos seus estudos sobre variabilidade genética, hereditariedade e avanço genético em genótipos de calêndula francesa (*Tagetes patula*), observaram que o peso máximo da flor por planta foi registado em Fr.Sel-1 (370,33 g) e o mínimo em Cherry Red (144,50 g).

2.3.3.3 Peso de 100 flores (g)

Gaillardia

Agale (2012) avaliou o desempenho de diferentes genótipos de gaillardia (*Gaillardia pulchella* L.) e relatou que o peso máximo das flores foi registado significativamente pelo MG-6 (420 g), que foi estatisticamente igual ao MG-7 e MG-

9 (400 g). Os outros genótipos variaram de 270 a 380 g.

2.3.3.4 Rendimento de flores por parcela (kg)

Crisântemo

Gadage (2006) realizou uma pesquisa sobre a avaliação de cultivares de crisântemo (*Chrysanthemum morifolium* Ramat.) para flores de corte e relatou que a cv. Red Gold produziu o número máximo de hastes florais por parcela (311), seguida pela cv. Suneel (294,33) e cv. A cv. Baggi produziu o menor número de hastes florais por parcela (172,66).

Calêndula

Singh (2006) conduziu uma experiência sobre o desempenho de híbridos de calêndula em condições de Pune e observou que a variedade Indica Orange produziu um rendimento máximo de flores por parcela (4,77 kg), que foi significativamente mais elevado e foi igual ao da Inca Orange (4,17 kg) e Shaunak Orange (3,98 kg). A variedade Pusa Basanti Gaida produziu uma quantidade mínima de flores (1,58 kg) por parcela, a par da variedade Pusa Narangi Gainda (1,79 kg).

Kadam (2014) realizou uma experiência sobre a avaliação de diferentes genótipos de calêndula (*Tagetes erecta* L.) em condições de pune e concluiu que a variedade Double orange (3,53 kg) foi significativamente mais elevada em termos de produção de flores por parcela do que todas as outras variedades, exceto a variedade Culcutta (3,40 kg). A variedade White Marigold apresentou uma produção mínima de flores (1,92 kg) por parcela.

2.3.3.5 Rendimento de flores por hectare (t/ha)

Gaillardia

Agale (2012) avaliou o desempenho de diferentes genótipos de gaillardia (*Gaillardia pulchella* L.) e observou que o genótipo MG-9 teve um rendimento máximo (36,68 t/ha) de flores por hectare, seguido do MG-6 (33,98 t/ha). A produção de flores dos outros genótipos variou entre 24,20 e 31,37 t/ha. **Crisântemo**

Palai (2009) trabalhou em estudos comparativos sobre o desempenho do crisântemo pulverizado em estufas abertas e ventiladas naturalmente e relatou que o rendimento máximo de flores foi observado na cv. Violet Cushion (8,82 t/ha), que foi significativamente superior a todas as cultivares. A produção mínima de flores foi observada na cv. Poornima (5,03 t/ha).

Calêndula

Mehta *et al.* (1995), no seu ensaio varietal com calêndula, observaram que o maior rendimento foi observado na variedade Giant Double African Orange (20,43 t/ha), enquanto o menor rendimento foi registado na variedade Snow-White (6,75 t/ha).

Kelly e Harbaugh (2002) avaliaram 84 cultivares de calêndula africana e calêndula francesa em ensaios replicados no Centro de Investigação e Educação da Costa do Golfo da Universidade da Florida e referiram que as cultivares Inca Gold e Royal Gold apresentavam caracteres de rendimento mais elevados do que as outras variedades.

Kadam (2014) realizou uma experiência de avaliação de diferentes genótipos de calêndula (*Tagetes erecta* L.) nas condições de Pune e concluiu que a variedade Double Orange produziu um rendimento máximo de flores (21,79 q/ha), significativamente superior ao das restantes variedades em estudo. O rendimento mínimo de flores por hectare foi registado (18,27 q/ha).

2.3.3.6 Prazo de validade (dias)

Gaillardia

Mahawer *et al.* (2009) estudaram as flores de gaillardia para decoração e observaram que o prazo de validade mais elevado das flores de gaillardia em sacos de juta húmidos à temperatura ambiente + ou - 25^0 C foi registado em MPUAT GOPS 1 e MPUAT GOPS 3.

Agale (2012) avaliou o desempenho de diferentes genótipos de gaillardia (*Gaillardia pulchella* L.) e observou que não houve diferenças significativas entre os genótipos para este carácter. A máxima vida de vaso foi observada em MG-3, MG-5 e MG-13 (4,00 dias). Estes genótipos deram melhores resultados em condições ambientais com temperatura mínima de 20^0 C e máxima de 31^0 C. A humidade relativa foi de 37,5 por cento.

China aster

Swaroop *et al.* (2004) realizaram uma experiência de avaliação de variedades de áster da China em condições de Delhi e relataram que o maior tempo de vida de vaso foi em Shashank (7,70 dias) seguido por cv. Delhi Local (6,74 dias) e o menor em Poornima (5,87 dias).

Zosiamliana *et al.* (2011) estudaram a avaliação de cultivares de áster da China (*Callistephus chinensis* (L.) Nees.) e concluíram que o tempo máximo de vida em vaso foi registado pela cv. Phule Ganesh White (9,13 dias e 4,73 dias) para flores cortadas e flores soltas, respetivamente, e o mínimo na cv. Local (5,80 dias) para flores de corte e cv. Kamini (2,60 dias) para a flor solta. **Crisântemo**

Gaikwad e Patil (2001) estudaram a avaliação de variedades de crisântemo em condições de estufa e ao ar livre e referiram que o tempo de vida do vaso foi máximo na cv. Indira (12,94 dias) e o mínimo na cv. Spray Purple (5,89 dias).

Gaikwad *et al.* (2002), na avaliação de variedades de crisântemo em condições de estufa, observaram que o tempo máximo de vida do vaso foi registado na cv. Indira (13,66 dias) e o mínimo na cv. Spray Purple (6,99 dias).

Talukdar *et al.* (2006) estudaram a avaliação de cultivares de crisântemo (*Dendranthema grandiflora* Tzevlev) em condições de estufa e campo aberto e relataram que a cv. Snow Ball teve um tempo de vida de vaso máximo (18,25 dias) seguido pela cv. Emperor (17,67 dias). Enquanto o tempo mínimo de vida de vaso foi observado na cv. Kikubiori (6,33 dias) seguida pela cv. Temptation (6,67 dias) cv. Cavelia (7.17 dias) e cv. Blare Deo (9,83 dias).

Baskaran *et al.* (2009) avaliaram a qualidade pós-colheita de algumas cultivares de crisântemo e relataram que o tempo máximo de vida de vaso (16 dias) foi observado na cv. Arka Swara, seguida da cv. Ravikiran (10 dias) e cv. Nilima (9 dias). Enquanto o tempo mínimo de vida de vaso foi observado na cv. Cassa (4 dias), seguida da cv. Chandrika (6 dias) no crisântemo.

Gerbera

Dalal *et al.* (2005) avaliaram o desempenho de diferentes variedades de gerbera (*Gerbera jamesonii* Bolus ex Hooker F.) em condições de estufa e observaram que o tempo máximo de vida de vaso das flores foi registado na variedade Kozak (11,05 dias) e o mínimo na cv. Sphinx (7,85 dias).

Naik *et al.* (2006) estudaram o desempenho comparativo de cultivares de gerbera (*Gerbera jamesonii* Bolus ex Hooker F.) em estufa com ventilação natural e relataram que a vida máxima do vaso de flores foi registada na variedade Scilla (8,22 dias), enquanto a mínima na cv. Carocci (5,22 dias).

Singh e Srivastava (2008) observaram que a avaliação varietal da gerbera era influenciada pelas condições de cultivo e constataram que as variedades Dalma e Essance tinham um tempo de vida de vaso máximo (10,0 dias) e a variedade Gold Spic tinha um tempo de vida de vaso mínimo (6,0 dias) em condições de estufa de baixo custo. No caso da rede de sombra, a Essance teve um tempo de vida de vaso máximo (8,8 dias), enquanto o tempo de vida de vaso mínimo na variedade Gold Spic (5,0 dias).

Wankhede *et al.* (2008) avaliaram o desempenho de variedades de gerbera sob rede de sombra e verificaram que o tempo máximo de vida de vaso das flores foi registado na variedade Vino (15,16 dias), enquanto o mínimo na cv. Sunanda (9,96 dias).

Calêndula

Khanvilkar *et al.* (2003) avaliaram o desempenho da calêndula africana (*Tagetes erecta*) e observaram que o tempo máximo de vida de vaso das flores foi registado na variedade Orange Boom (8,27 dias) e o mínimo na variedade local (4,72 dias).

Raghuvanshi e Sharma (2011) efectuaram uma avaliação varietal de calêndula (*Tagetes patula* L.) na zona média de Himachal Pradesh e verificaram que a duração máxima de armazenagem era de 8,67 dias em armazenagem a frio e a mínima (4,00 dias) em condições ambientais na cultivar Cupid Varie Orange.

2.4 Caracteres qualitativos

2.4.1 Cor da flor

Gaillardia

Agale (2012) avaliou o desempenho de diferentes genótipos de gaillardia (*Gaillardia pulchella* L.) e observou que havia diferenças na cor das flores produzidas em diferentes genótipos. A cor das flores foi registada através da comparação dos raios florais com a tabela de cores da Royal Horticulture Society. A cor da flor Amarelo Limão foi observada em MG-3, MG-5, MG-9, MG-10, MG-12 e MG-14, Amarelo Indiano em MG-1, MG-4, MG-7 e Aureolim em MG-2, MG-8, MG-11 e MG-13. As respectivas cores e códigos de cores dos genótipos foram os seguintes Os MG-3 e MG-5 apresentaram cor Amarelo Limão com código 4/1. MG-6, MG-9, MG-10, MG-12 e MG-14 apresentaram cor Amarelo Limão com código 4. As MG-1 e MG-7 eram de cor Amarelo Índio com o código 6/1. Mg-4 tinha cor Amarelo Indiano com código de cor 6/6. MG-2 tinha cor Aureolin com código de cor 3/1 e MG-8, MG-11 e MG-13 tinham cor Aureolin com código de cor 3.

Gerbera

Sane e Gowda (2001) estudaram a caraterização de genótipos de gerbera (*Gerbera jamesonii*) utilizando caracteres morfológicos e observaram diferentes cores nas variedades de gerbera: GJ-1-Coral, GJ-2-Marigold Orange e GJ-3-Maize Yellow, GJ-13-613-Indian Yellow e GJ-15-603-Empire Yellow.

Dhane *et al.* (2004) observaram o desempenho de algumas cultivares exóticas de gérbera em condições de estufa ventilada naturalmente e relataram que as cultivares apresentavam variação na cor das flores, desde laranja (cv. Skyline, Aida, Sunway), amarelo (cv. Farida, Cabana, Thalassa e Tonneke) e vermelho (cv. Yanara e Sangria) até rosa (cv. Marmara). As diferentes cores dos raios florais das cultivares de gerbera foram Marmara-Azalea Pink (618/3), Farida- Primrose yellow (301/1), Sunway-Orpiment orange (101/1), Tonneke- Yellow Ochre (07) e Skyline-Indian Yellow (713/2), etc.

Vasudevan e Rao (2010) estudaram a avaliação de genótipos de gerbera (*Gerbera jamesonii* Bolus ex Hooker F.) em condições de meia encosta dos Himalaias de Garhwal e referiram que a cv. Jankfrau era de cor branca, a cv. Entourage (Nasturtium Orange), cv. Supernova, Sunglow e Excellence são de cor amarelo canário, enquanto Loveliness, Blackjack, Fiction, Opus e Picobello são cultivares de cor rosa magenta. Por outro lado, a cv. Essence observou a cor rosa Azalea.

Calêndula

Howe e Water (1982) estudaram a avaliação da floração da calêndula e da zínia anuais e observaram que as diferentes cores da calêndula africana utilizando a tabela de cores da Horticultura (Ann. 1938) nas cultivares Gold Coin mixture dbl (org;yel.), Merrymum F1mum(yel) e Snobird (cravo branco).

Capítulo 3

3. MATERIAL E MÉTODOS

A presente investigação sobre "Avaliação de diferentes genótipos de gaillardia (*Gaillardia pulchella* L.)" foi realizada em 2015-16 na Secção de Horticultura, Faculdade de Agricultura, Pune. Os pormenores sobre o material utilizado e os métodos adoptados para o presente estudo são apresentados a seguir.

3.1 Material

3.1.1 Sítio experimental

A presente investigação sobre "Avaliação de diferentes genótipos de gaillardia (*Gaillardia pulchella* L.)" foi iniciada no Jardim Modibaug da Secção de Horticultura, Faculdade de Agricultura, Pune.

3.1.2 Localização geográfica, clima e condições meteorológicas

Pune está situada no centro-oeste de Maharashtra, a uma altitude de 559 m, acima do nível do mar. Situa-se na região tropical a $18,32^0$ N de latitude e $73,51^0$ E de longitude. A precipitação média anual nesta zona é de 650-750 mm e distribui-se normalmente entre junho e outubro. A temperatura máxima varia entre 34^0 C e 40^0 C no verão, mas, no início da monção, desce para 27^0 C. A temperatura mínima varia entre 6^0 C e 10^0 C no inverno, de novembro a meados de fevereiro.

A temperatura média máxima e mínima registada durante o período da experiência foi de $39,1^0$ C e $14,4^0$ C, respetivamente. A humidade relativa durante o período de crescimento da cultura variou entre 45% e 85%. Os dados relativos aos parâmetros meteorológicos prevalecentes em Pune durante o curso da investigação são apresentados no Apêndice -I.

3.1.3 Genótipos

O trabalho de melhoramento de culturas em gaillardia já foi iniciado em 2011-12 no Departamento de Horticultura, Faculdade de Agricultura, Pune. O ensaio para avaliar o desempenho de catorze genótipos diferentes de gaillardia foi realizado pelo Sr. M. G. Agale. As observações foram registadas em relação aos caracteres de crescimento vegetativo e aos caracteres quantitativos e qualitativos da flor. No seu estudo, seleccionou e fez a auto-sementeira de 40 plantas individuais promissoras com base em caracteres de crescimento, produção e floração. O material para a presente investigação, composto por 40 linhas puras de plantas individuais autofecundadas com diversidade de caracteres de crescimento e rendimento, está a ser utilizado para estudos posteriores. O programa de melhoramento está a ser prosseguido com o objetivo de obter uniformidade e uma elevada produção de flores em gaillardia. A nomenclatura destes genótipos é apresentada no quadro seguinte. 1.

Tabela 1. Detalhes do tratamento

Treatments	Name of genotypes	Treatments	Name of genotypes
T_1	MG-1-3	T_{21}	MG-7-2
T_2	MG-1-4	T_{22}	MG-7-3
T_3	MG-2-1	T_{23}	MG-8-1
T_4	MG-2-2	T_{24}	MG-8-2
T_5	MG-3-1	T_{25}	MG-9-1
T_6	MG-3-2	T_{26}	MG-9-2
T_7	MG-3-3	T_{27}	MG-9-3
T_8	MG-3-4	T_{28}	MG-9-4
T_9	MG-4-1	T_{29}	MG-10-1
T_{10}	MG-4-2	T_{30}	MG-10-2
T_{11}	MG-4-3	T_{31}	MG-10-3
T_{12}	MG-4-4	T_{32}	MG-10-4
T_{13}	MG-5-1	T_{33}	MG-10-5
T_{14}	MG-5-2	T_{34}	MG-11-1
T_{15}	MG-5-3	T_{35}	MG-12-1
T_{16}	MG-5-4	T_{36}	MG-12-2
T_{17}	MG-5-5	T_{37}	MG-12-3
T_{18}	MG-6-1	T_{38}	MG-13-1
T_{19}	MG-6-2	T_{39}	MG-14-1
T_{20}	MG-7-1	T_{40}	Local (C)

3.1.4 Solo

O solo da parcela experimental era preto médio com boa drenagem e textura franco-argilosa com pH 6,8.

3.1.5 Outros equipamentos

São utilizados diferentes tipos de materiais, como sacos de papel de manteiga, etiqueta amarela, etiqueta de preço, balança, sacos de tecido de musselina, fita metálica, paquímetro, sacos de artilharia, caixotes, tesouras de podar, tesouras, agulhas e outro equipamento de laboratório do Departamento de Horticultura da Faculdade de Agricultura de Pune.

3.2 Métodos

3.2.1 Programa de trabalho de investigação

A experiência foi realizada durante 2015-2016 em Modibaug Jardim da Secção de Horticultura, Escola Superior de Agricultura, Pune.

3.2.2 Pormenores experimentais

Name of the crop	Gaillardia (*Gaillardia pulchella* L.)
Family	Asteraceae
Genotypes	40
Year	2015-2016
Experimental design	Randomized Block Design (RBD)
Number of replication	2
Number of treatments	40
Number of plants per treatment	20
Spacing	60cm x 30cm
Row length	6.0 m
Date of sowing	03/02/2015
Date of transplanting	18/03/2015
Recommended dose	FYM 15 t ha^{-1}, Fertilizers 200:125:125 NPK kg ha^{-1}

Place of research	Modibaug Garden of Horticulture Section,College of Agriculture, Pune

Fig. 1 Planta da disposição da parcela experimental

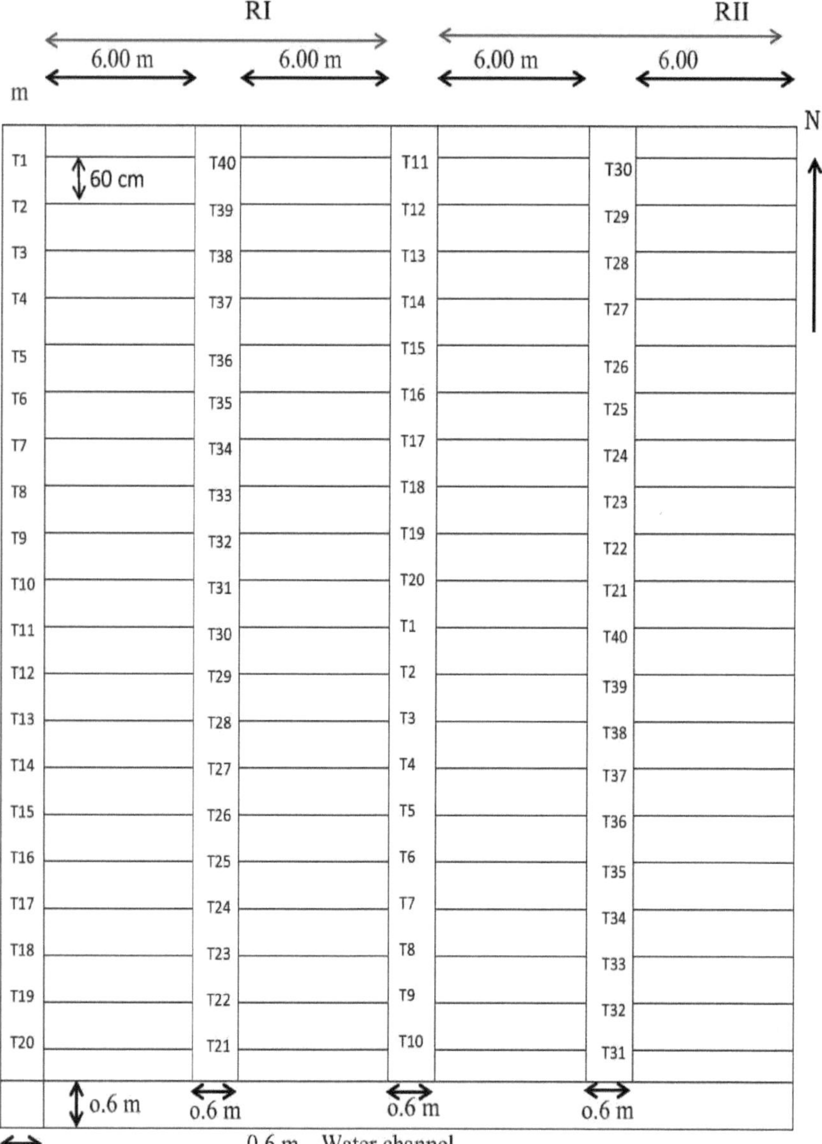

3.3 Práticas culturais

3.3.1 Criação de plântulas

Os canteiros elevados de um tamanho de 1,2m x 1,0m x 0,15m foram preparados para o cultivo de plântulas de gaillardia de diferentes genótipos após a adição de FYM suficiente. As camas foram aplicadas com grânulos de forato para evitar que as formigas atacassem as sementes. As sementes foram semeadas na primeira semana de fevereiro em linhas com 10 cm de distância e 1,0 cm de profundidade em canteiros elevados. As sementes foram semeadas a pouca profundidade para obter uma germinação uniforme e precoce e cobertas com areia fina. A água foi aplicada imediatamente após a sementeira com uma lata de água de rosas. Em seguida, a irrigação diária foi feita de manhã ou à noite, conforme a necessidade.

3.3.2 Preparação da parcela experimental

A terra foi preparada da forma habitual e foi levada a um bom nível de textura através de lavoura, trituração de torrões e gradagem cruzada. O FYM foi aplicado a uma taxa de 15 t/ha antes da última gradagem para uma mistura uniforme no solo. O sulco foi aberto a uma distância de 60 cm, e foram feitos canais de irrigação adequados para facilitar o abastecimento de água. Os caminhos foram mantidos em locais convenientes para facilitar a colheita e outras operações culturais e para facilitar o registo das observações.

3.3.3 Transplantação

As plântulas estavam prontas para serem transplantadas após 45 dias da sementeira. As parcelas experimentais foram cuidadosamente irrigadas um dia antes do transplante. O transplante de mudas foi feito em 18th março de 2015, usando mudas saudáveis seleccionadas de tamanho uniforme em cumeeira e sulco de 6m de comprimento de linha. As mudas foram levantadas cuidadosamente dos canteiros do viveiro para a área de transplante. O transplante foi feito com espaçamento de 60cm entre duas linhas (fileiras) e 30cm entre duas plantas.

3.3.4 Adubação e fertilizantes

A dose recomendada de fertilizante de estrume de quintal (FYM) 15 toneladas por hectare foi aplicada na altura da preparação da terra. Os fertilizantes químicos 100 kg de nitrogênio na forma de uréia, 125 kg de P2O5 na forma de super fosfato simples e 125 kg de K_2 O na forma de muriato de potássio por hectare foram aplicados como dose basal no momento do transplante (Singatkar, 1995). A cultura foi coberta com os restantes 50 % de azoto, 100 kg por hectare, sob a forma de ureia, em duas parcelas iguais, aos 30 e 60 dias após a transplantação.

3.3.5 Ação cultural

As parcelas experimentais foram mantidas livres de ervas daninhas através de mondas periódicas (mensais) e a irrigação foi efectuada na estação das chuvas, quando ocorreu um período de seca e as plantas demonstraram necessidade de água. No inverno, o campo foi irrigado uma vez por semana e no verão duas vezes por semana, dependendo da disponibilidade de humidade no solo.

Foram observadas pragas e doenças e notou-se apenas o ataque de pulgão que foi controlado pela pulverização de dimetoato a 0,03 por cento.

3.3.6 Colheita e armazenagem

A remoção atempada das flores totalmente abertas prolonga o período de floração da gaillardia. Para as flores cortadas, colhem-se flores totalmente abertas com caule longo, que se mantêm frescas durante 5-6 dias em vaso, e para as flores soltas, colhem-se flores totalmente abertas sem caule, que se mantêm frescas durante 3-4 dias em sacos de artilharia húmidos.

3.4 Observações registadas

Durante o estudo de "Avaliação de diferentes genótipos de gaillardia (*Gaillardia pulchella* L.)", as observações de caracteres quantitativos, incluindo caracteres de crescimento, caracteres de floração e caracteres de rendimento e caracteres qualitativos foram registados a intervalos regulares durante todo o período da cultura da gaillardia.

Cinco plantas de cada parcela de tratamento foram seleccionadas ao acaso, etiquetadas e utilizadas para registar as observações. Os pormenores das observações registadas são apresentados a seguir.

3.4.1 Caracteres quantitativos

As observações sobre os caracteres quantitativos são agrupadas em três: crescimento, floração e rendimento.

3.4.1.1 Caracteres de crescimento

As observações sobre os caracteres de crescimento, como a altura da planta (cm), a dispersão da planta (cm) (direcções Norte-Sul e Este-Oeste) e o número de ramos por planta, foram registadas em cinco plantas seleccionadas aleatoriamente de cada parcela de tratamento.

3.4.1.1.1 Altura da planta (cm)

A altura de cada planta observada foi medida em centímetros com a ajuda de uma escala de metros desde o nível do solo até à ponta de crescimento da planta aos 90, 120 e 150 DAT. A altura média da planta foi calculada a partir da mesma.

3.4.1.1.2 Espalhamento da planta (cm)

A dispersão das plantas de cada planta observada foi medida em centímetros nas direcções Norte-Sul e Este-Oeste através de uma escala métrica a um intervalo de 90, 120 e 150 DAT de cada parcela de tratamento. A média e a mediana destas observações foram tomadas para calcular a dispersão das plantas nas direcções Norte-Sul e Este-Oeste e registadas.

3.4.1.1.3 Número de ramos por planta

O número total de ramos primários e secundários foi contado aos 90 DAT em cada parcela de tratamento. O número médio de ramos primários e secundários por planta foi calculado a partir das observações registadas para as cinco plantas observadas.

3.4.1.2   Caracteres de floração

Para avaliar o desempenho de vários genótipos no comportamento da floração e nos caracteres de floração, as observações foram registadas em dias para o início da floração, dias para 50% de floração, diâmetro da flor (cm), número de florzinhas por flor, comprimento do pedúnculo e espessura do pedúnculo.

3.4.1.2.1   Dias para o início da floração (Dias)

Foi registado o número de dias necessários desde a data de transplante até à data de abertura da primeira flor na planta na parcela de tratamento e foi calculado o número médio de dias necessários para o início da floração.

3.4.1.2.2   Dias para 50% de floração (Dias)

O número de dias necessários desde a data de transplante até à data de abertura das flores de 50% do total das plantas da parcela foi registado e o número médio de dias até 50% de floração foi calculado.

3.4.1.2.3   Diâmetro da flor (cm)

A distância mais longa entre dois pontos quaisquer da margem das dez flores foi registada com a ajuda de uma escala de medição e expressa em centímetros. Calculou-se o diâmetro médio da flor.

3.4.1.2.4   Número de floretes de raios por flor

Foram seleccionadas aleatoriamente dez flores de cada parcela de tratamento na fase de plena floração e contado o número de florzinhas de raio por flor. Calculou-se o número médio de florzinhas de raio por flor.

3.4.1.2.5   Comprimento do pedúnculo floral (cm)

O comprimento do pedúnculo floral foi medido na fase de floração a partir da base da última folha do pedúnculo da flor até à base da cabeça da flor e expresso em centímetros.

3.4.1.2.6   Espessura do pedúnculo floral (mm)

O diâmetro do pedúnculo foi registado após a colheita da flor com a ajuda de uma pinça de verneer e expresso em mm.

3.4.1.3   Caracteres de rendimento

As observações sobre os caracteres de rendimento, tais como o número de flores por planta, o peso das flores por planta (g), o peso de 100 flores (g), o rendimento das flores por parcela (kg), o rendimento das flores por hectare (tonelada) e o prazo de validade (dias) foram registados em cada parcela da rede.

3.4.1.3.1   Número de flores por planta

O número total de flores colhidas em cada colheita foi registado separadamente em cinco plantas observadas. O total de todas as colheitas foi efectuado e dividido pelo número de cinco plantas. Calculou-se o número médio de flores por planta.

3.4.1.3.2   Peso das flores por planta (g)

As flores colhidas em cada colheita das cinco plantas observadas foram pesadas separadamente e o seu peso em g foi registado. O total de todas as colheitas foi somado e dividido pelas cinco plantas observadas. Foi calculado o peso médio das flores por planta.

3.4.1.3.3   Peso de 100 flores (g)

Foram colhidas aleatoriamente 100 flores de cada tratamento e pesadas separadamente, tendo o seu peso sido registado em gramas (g).

3.4.1.3.4   Rendimento de flores por parcela (kg)

Em cada colheita foi registado o peso total das flores de cada parcela experimental. No final, o total de todas as colheitas foi efectuado para obter o rendimento por parcela (kg).

3.4.1.3.5   Rendimento de flores por hectare (tonelada)

Multiplicando o rendimento da parcela pelo fator hectare, o rendimento por hectare foi calculado e expresso em toneladas.

3.4.1.3.6   Prazo de validade (dias)

O prazo de validade foi contado em termos de dias, desde o dia em que o pedúnculo foi mantido em água até ao dia em que foi considerado impróprio para vaso. Considerou-se que o tempo de vida em vaso do pedúnculo da flor tinha terminado quando os floretes dos raios começaram a perder a cor e a murchar. O prazo de validade da flor cortada foi registado para cinco flores de observação seleccionadas aleatoriamente em água pura. A parte basal do pedúnculo foi desfolhada e limpa. Os caules foram mantidos num frasco cónico com igual quantidade de água. A água do frasco foi mudada em dias alternados. A vida útil das flores soltas foi registada através da seleção aleatória de flores de cinco plantas observadas e mantidas em sacos de artilharia humedecidos à temperatura ambiente. Considerou-se que o tempo de vida em vaso das flores observadas terminava quando os raios florais começavam a perder a cor e a murchar. A média foi calculada como o tempo de vida de vaso das flores. Esta operação foi repetida três vezes e a média foi calculada como o tempo de vida das flores no vaso.

3.4.2   Caracteres qualitativos

3.4.2.1   Cor da flor

A cor das flores totalmente abertas foi registada antes de começarem a desvanecer-se, comparando a sua cor com as tonalidades mencionadas na tabela de cores da Royal Horticulture Society.

3.4.2.2   Forma da pétala

Nas plantas observadas de cada parcela de tratamento, foi registada a forma das pétalas. A forma das pétalas foi agrupada em estreita com ponta pontiaguda e estreita com ponta romba.

3.4.2.3 Pubescência

A pubescência é uma pequena estrutura semelhante a um pelo presente no pedúnculo da flor. A presença ou densidade da pubescência foi observada visualmente em cada genótipo. Foi classificada em três categorias: densa, média e baixa pubescência.

3.5 Análise estatística

O método padrão de "Análise de Variância" foi utilizado para analisar os dados para o projeto de blocos aleatórios (RBD), tal como sugerido por Panse e Sukhatme, (1985). O teste 'F' de significância foi o erro de média (S.E. mean) para cada efeito de tratamento, onde os efeitos de tratamento foram significativos, a diferença crítica (C.D.) a um nível de probabilidade de 5 por cento foi trabalhada para testar a significância das diferenças de tratamento.

Capítulo 4

4. RESULTADOS EXPERIMENTAIS

A presente investigação intitulada "Avaliação de diferentes genótipos de gaillardia (*Gaillardia pulchella* L.)" foi realizada para avaliar o crescimento e o desempenho do rendimento de quarenta genótipos de gaillardia durante 2015-2016. Os resultados obtidos na presente investigação foram apresentados em resumo nos seguintes subtítulos.

4.1 Caracteres quantitativos

4.1.1 Caracteres de crescimento

4.1.1.1 Altura da planta (cm)

A produção de qualquer planta é influenciada pelo vigor, onde a altura da planta desempenha um papel importante. Os dados sobre a altura das plantas registados aos 90, 120 e 150 dias após a transplantação foram apresentados no Quadro 2 e ilustrados graficamente na Fig. 2. As diferenças entre os tratamentos foram significativas para este carácter.

O genótipo MG-10-2 registou uma altura de planta significativamente máxima (80,52 cm) aos 90 DAT. Os genótipos MG-3-2 (79,22 cm), MG-9-1 (76,98 cm), MG-9-3 (76,17 cm), MG-4-1 (76,01 cm), MG-9-4 (75,54 cm), MG-9-2 (75,22 cm), MG-2-2 (74,21 cm), MG-5-5 (72,67 cm), MG-7-2 (72,57 cm) e MG-6-2 (72,17 cm) foram iguais ao genótipo MG-10-2. Os restantes genótipos registaram uma altura de planta entre MG-3-1 (72,10 cm) e MG-10-4 (57,02 cm).

O genótipo MG-10-2 registou uma altura de planta significativamente máxima (99,50 cm) aos 120 DAT. Os genótipos MG-3-2 (98,81 cm), MG-9-1 (96,63 cm), MG-9-3 (95,83 cm), MG-9-4 (95,81 cm), MG-4-1 (94,27 cm), MG-6-2 (94,16 cm), MG-9-2 (92,83 cm), MG-3-1 (92,16 cm), MG-2-2 (91,83 cm) e MG-7-2 (91,50 cm) foram iguais ao genótipo MG-10-2. Os restantes genótipos registaram uma altura de planta entre MG-12-3 (90,99 cm) e MG-10-4 (75,49 cm).

Quadro 2: Altura média das plantas (cm) de diferentes genótipos de gaillardia

Genotypes	Mean plant height (cm)		
	90 DAT	**120 DAT**	**150 DAT**
MG-1-3	70.03	87.96	90.96
MG-1-4	70.14	80.81	84.60
MG-2-1	64.42	83.13	86.65
MG-2-2	74.21	91.83	94.72
MG-3-1	72.10	92.16	92.59
MG-3-2	79.22	98.81	102.49
MG-3-3	68.81	88.99	92.89
MG-3-4	66.80	84.66	88.05
MG-4-1	76.01	94.27	97.57
MG-4-2	64.00	82.65	86.89
MG-4-3	71.81	87.96	91.91
MG-4-4	66.22	86.98	91.00
MG-5-1	72.04	89.48	92.94
MG-5-2	67.22	84.16	87.57
MG-5-3	70.53	89.83	93.92
MG-5-4	67.92	88.66	92.08
MG-5-5	72.67	89.12	96.02
MG-6-1	64.50	84.33	88.08
MG-6-2	72.17	94.16	97.37
MG-7-1	66.00	86.16	89.18

Genotypes	Mean plant height (cm)		
	90 DAT	**120 DAT**	**150 DAT**
MG-7-2	72.57	91.50	95.69
MG-7-3	68.88	87.92	91.31
MG-8-1	58.37	79.69	83.46
MG-8-2	64.92	82.73	85.54
MG-9-1	76.98	96.63	101.45
MG-9-2	75.22	92.83	96.25
MG-9-3	76.17	95.83	100.01
MG-9-4	75.54	95.81	101.05
MG-10-1	70.49	89.66	93.38
MG-10-2	80.52	99.50	102.86
MG-10-3	66.06	85.46	89.00
MG-10-4	57.02	75.49	79.39
MG-10-5	70.65	90.50	94.51
MG-11-1	66.09	84.33	87.82
MG-12-1	72.01	89.01	92.90
MG-12-2	70.18	88.66	91.94
MG-12-3	70.67	90.99	94.80
MG-13-1	65.22	85.66	89.47
MG-14-1	71.46	87.83	91.71
Local (C)	71.51	89.50	93.43
SEm $\pm$	2.94	2.96	3.05
CD at 5%	8.40	8.48	8.72

DAT - Dias após a transplantação

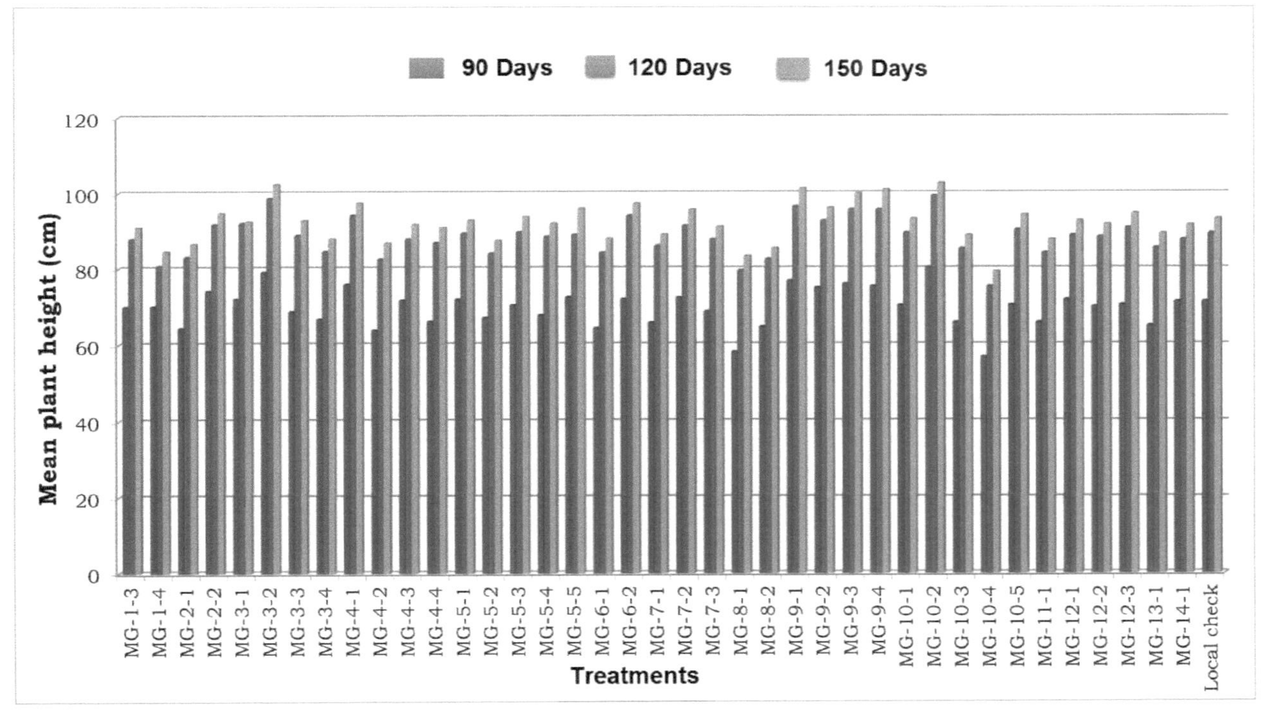

Fig. 2 Altura da planta (cm)

A altura da planta registada aos 150 dias após o transplante é apresentada no Quadro 2. O genótipo MG-10-2 registou uma altura de planta significativamente máxima (102,86 cm) em relação aos restantes genótipos. Os genótipos MG-3-2 (102,49 cm), MG-9-1 (101,45 cm), MG-9-4 (101,05 cm), MG-9-3 (100,01 cm), MG-4-1 (97,57 cm), MG-6-2 (97,37 cm), MG-9-2 (96.25 cm), MG-5-5 (96,02 cm), MG-7-2 (95,69 cm), MG-12-3 (94,80 cm), MG-2-2 (94,72 cm) e MG-10-5 (94,51 cm) foram iguais ao genótipo MG-10-2. Os restantes genótipos registaram uma altura de planta entre MG-5-3 (93,92 cm) e MG-10-4 (79,39 cm).

4.1.1.2 Espalhamento da planta (cm)

Os dados relativos à propagação da planta foram registados aos 90 DAT. Os dados relativos ao espalhamento das plantas são apresentados no Quadro 3 e representados graficamente na Fig. 3 para as direcções (E-W) e (N-S). As diferenças entre os tratamentos foram significativas.

A propagação da planta na direção (E-W) foi significativamente máxima no genótipo MG-9-1 (90,28 cm). No entanto, o genótipo MG-10-4 (81,04 cm) foi igual ao genótipo MG-9-1. A dispersão mínima das plantas foi registada pelo genótipo MG-7-3 (48,39 cm).

A propagação de plantas na direção (N-S) foi mais elevada no genótipo MG-3-2 (80,34 cm). O genótipo MG-9-1 (76,48 cm) registou a maior dispersão de plantas e foi igual ao MG-3-2. A dispersão mínima das plantas foi registada pelo genótipo MG-14-1 (39,61 cm).

Quadro 3: Espalhamento médio das plantas (cm) de diferentes genótipos de gaillardia

Genotypes	Mean plant spread		Genotypes	Mean plant spread	
	E-W	N-S		E-W	N-S
MG-1-3	61.39	47.36	MG-7-3	48.39	51.42
MG-1-4	52.49	62.13	MG-8-1	63.35	55.49
MG-2-1	69.33	66.42	MG-8-2	48.53	52.17
MG-2-2	54.47	59.41	MG-9-1	90.28	76.48
MG-3-1	60.05	58.74	MG-9-2	57.16	49.68
MG-3-2	59.72	80.34	MG-9-3	73.62	60.79
MG-3-3	58.91	50.03	MG-9-4	58.38	54.28
MG-3-4	70.16	61.28	MG-10-1	79.96	59.13
MG-4-1	73.37	57.65	MG-10-2	75.82	69.58
MG-4-2	71.66	61.43	MG-10-3	62.38	61.29
MG-4-3	69.68	60.18	MG-10-4	81.04	70.46
MG-4-4	55.08	48.53	MG-10-5	69.29	48.95
MG-5-1	55.61	56.19	MG-11-1	53.62	48.09
MG-5-2	76.43	65.34	MG-12-1	67.39	57.86
MG-5-3	49.68	53.18	MG-12-2	70.18	56.94
MG-5-4	73.29	56.40	MG-12-3	65.28	55.82
MG-5-5	57.29	55.19	MG-13-1	61.29	53.41
MG-6-1	59.18	53.06	MG-14-1	57.48	39.61
MG-6-2	75.64	55.16	Local (C)	51.92	43.91
MG-7-1	53.24	52.91	SEm ±	3.54	3.25
MG-7-2	65.92	55.27	CD at 5%	10.13	9.31

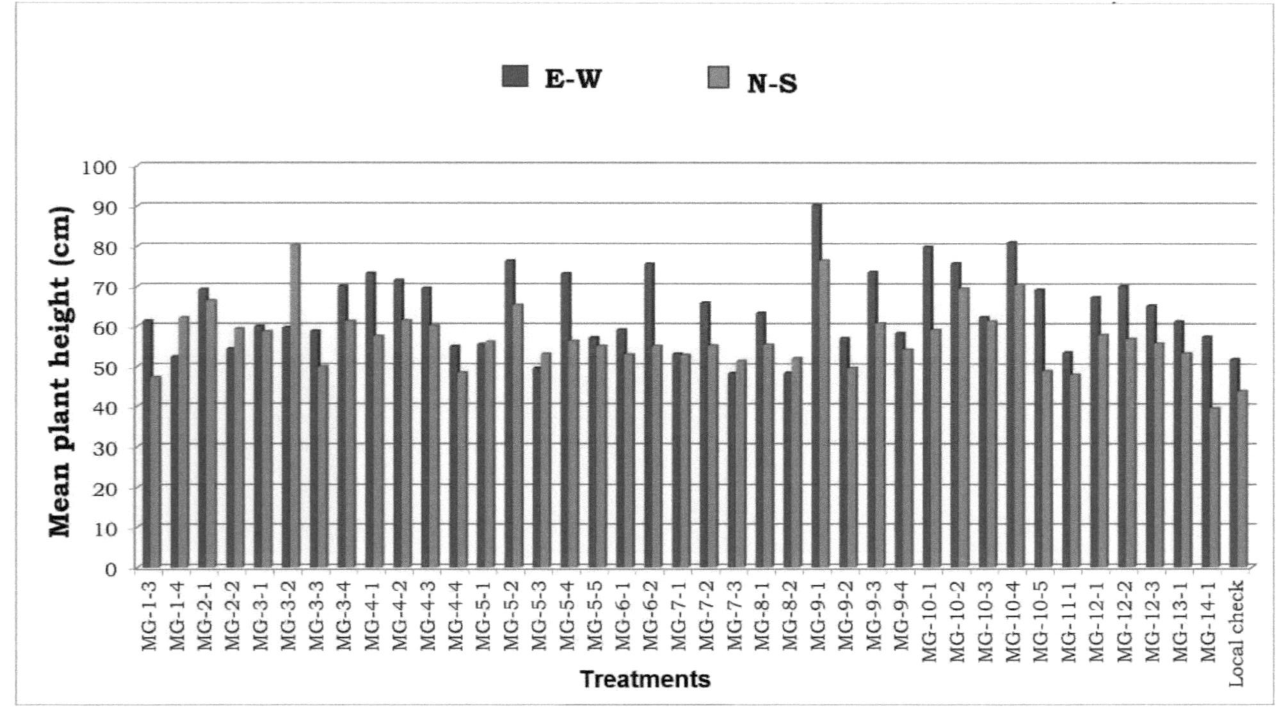

Fig. 3 Espalhamento das plantas (E-W) e (N-S) (cm)

4.1.1.3 Número de tranças por instalação

Os dados referentes ao número de ramos primários e secundários por planta dos genótipos de gaillardia estão representados na Tabela 4 e apresentados graficamente na Fig. 4. Os dados revelaram uma diferença significativa para este carácter.

O número de brácteas primárias por planta foi significativamente máximo no genótipo MG-7-2 (21,48). Os genótipos MG-2-1 (21,34), MG-5-3 (21,24), MG-8-2 (20,08), MG-9-1 (20,08), MG-12-1 (19,76), MG-2-2 (19,65), MG-6-2 (19,47), MG-10-2 (19,38), MG-10-4 (18,43), MG-14-1 (16,79), MG-5-4 (16,71), MG-8-1 (16.46), MG-5-2 (16.45), Local check (16.18), MG-1-3 (15.66), MG-10-1 (15.49), MG-9-3 (15.32), MG-10-5 (15.29), MG-9-4 (14.53) e MG-5-5 (14.26) apresentaram ramos primários e estavam a par com MG-7-2. O mínimo de ramos primários por planta foi registado pelo genótipo MG-3-4 (7,95).

O número de ramos secundários por planta foi significativamente máximo no genótipo MG-9-1 (58,50). Os genótipos MG-7-2 (56.45), MG-10-2 (53.49), MG-5-3 (53.21), MG-6-2 (52.78), MG-8-2 (52.53), MG-2-1 (50.52), MG-10-4 (46.72), MG-12-1 (46.56), MG-14-1 (44.87) e Local check (44.40) foram iguais ao MG10-2. O número mínimo de ramos secundários foi registado pelo genótipo MG-6-1 (25,07).

4.1.2 Caracteres de floração

4.1.2.1 Dias para o início da floração (dias)

Os dados relativos à observação do número de dias necessários para o início da floração são apresentados na Tabela 5 e ilustrados graficamente na Fig. 5. Observou-se um início de floração significativamente mais precoce no genótipo MG-9-1 (41,23 DAT), seguido pelos genótipos MG-2-2 (47,16 dias), MG-6-2 (47,31 dias), MG-5-3 (47,34 dias) e MG-4-3 (49,61 dias) e todos foram iguais ao MG-9-1. O genótipo MG-13-1, necessitou de um maior número de dias para o início da floração (62,84 dias).

Quadro 4 : Número médio de ramos por planta

Genotypes	Number of branches per plant		Genotypes	Number of branches per plant	
	Pri.	Sec.		Pri.	Sec.
MG-1-3	15.66	40.25	MG-7-3	13.04	35.04
MG-1-4	13.23	40.09	MG-8-1	16.46	33.51
MG-2-1	21.34	50.52	MG-8-2	20.08	52.53
MG-2-2	19.65	43.38	MG-9-1	20.08	58.50
MG-3-1	8.47	41.82	MG-9-2	13.49	30.89
MG-3-2	10.63	34.06	MG-9-3	15.32	37.79
MG-3-3	11.20	33.51	MG-9-4	14.53	31.57
MG-3-4	7.95	26.82	MG-10-1	15.49	39.32
MG-4-1	8.29	26.33	MG-10-2	19.38	53.49
MG-4-2	12.28	31.96	MG-10-3	10.28	32.03
MG-4-3	12.52	31.93	MG-10-4	18.43	46.72
MG-4-4	12.30	33.13	MG-10-5	15.29	40.81
MG-5-1	11.34	32.28	MG-11-1	9.56	27.35
MG-5-2	16.45	39.98	MG-12-1	19.76	46.56
MG-5-3	21.24	53.21	MG-12-2	12.52	30.46
MG-5-4	16.71	41.40	MG-12-3	12.72	31.88
MG-5-5	14.26	28.61	MG-13-1	13.40	30.01
MG-6-1	11.02	25.07	MG-14-1	16.79	44.87
MG-6-2	19.47	52.78	Local (C)	16.18	44.40
MG-7-1	13.24	30.68	SEm $\pm$	2.69	4.96
MG-7-2	21.48	56.45	CD at 5%	7.71	14.18

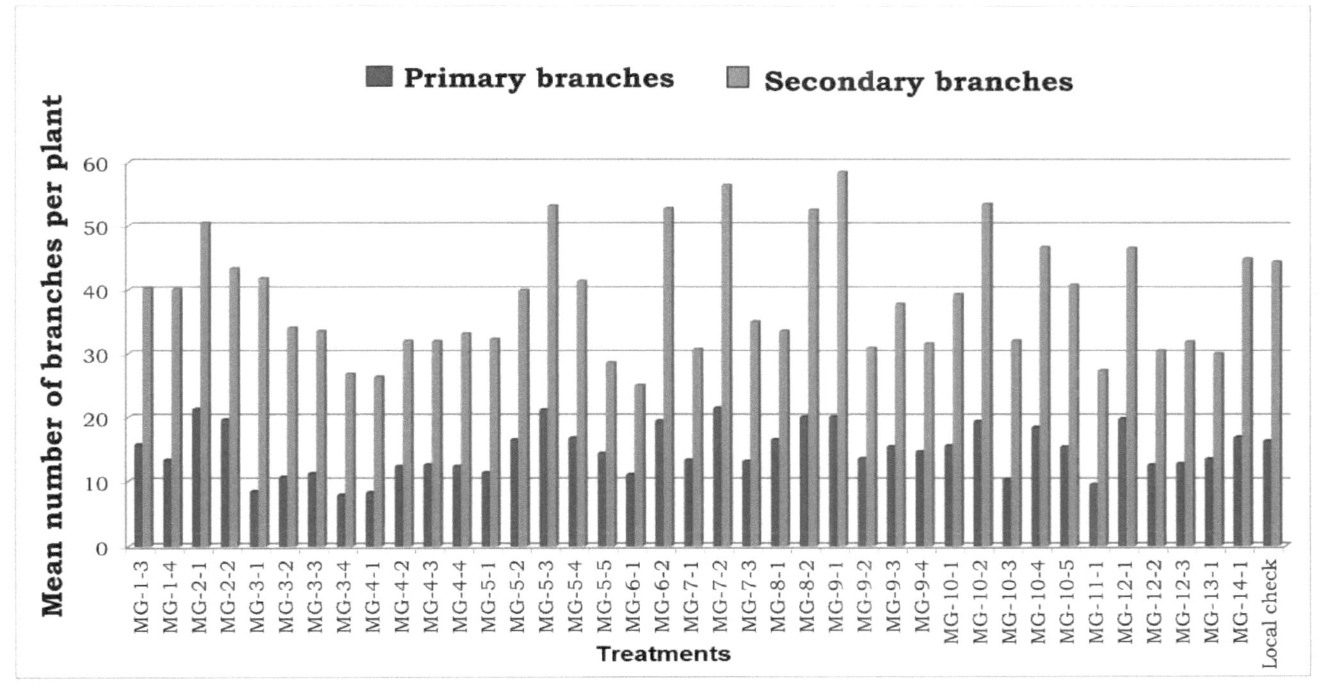

Fig. 4 Número de ramos por planta

Quadro 5: Dias para o início da floração (dias)

Genotypes	Days req. for initiation of flowering (days)	Genotypes	Days req. for initiation of flowering (days)
MG-1-3	50.51	MG-7-3	54.63
MG-1-4	51.26	MG-8-1	56.48
MG-2-1	52.67	MG-8-2	55.38
MG-2-2	47.16	MG-9-1	41.23
MG-3-1	57.98	MG-9-2	57.28
MG-3-2	50.64	MG-9-3	52.69
MG-3-3	54.63	MG-9-4	52.73
MG-3-4	56.34	MG-10-1	55.84
MG-4-1	57.91	MG-10-2	52.61
MG-4-2	55.24	MG-10-3	54.83
MG-4-3	49.61	MG-10-4	55.94
MG-4-4	57.91	MG-10-5	51.62
MG-5-1	58.81	MG-11-1	57.71
MG-5-2	56.67	MG-12-1	60.50
MG-5-3	47.34	MG-12-2	61.37
MG-5-4	54.68	MG-12-3	58.91
MG-5-5	53.64	MG-13-1	62.84
MG-6-1	53.02	MG-14-1	52.67
MG-6-2	47.31	Local (C)	51.38
MG-7-1	51.03	SEm $\pm$	3.14
MG-7-2	50.61	CD at 5%	8.99

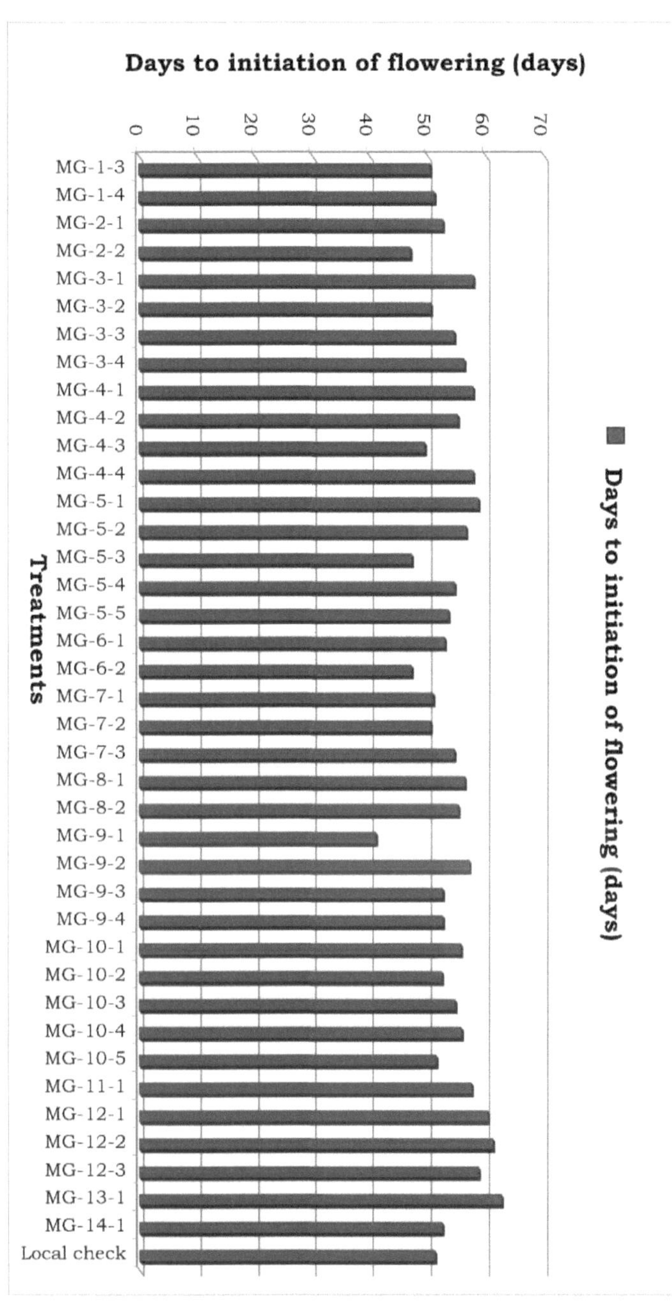

Fig.5 Dias para o início da floração (dias)

4.1.2.2 Dias até 50 por cento de floração (dias)

Os dados relativos aos dias necessários para 50% de floração são apresentados no Quadro 6 e ilustrados graficamente na Fig. 6. As diferenças entre os tratamentos não foram significativas para este carácter. Os dados revelaram que o genótipo MG-9-1 (64,38 dias) apresentou floração precoce em 50 % e o genótipo MG-13-1 (78,94 dias) floração tardia em 50 % entre os quarenta genótipos de gaillardia.

4.1.2.3 Diâmetro médio da flor (cm)

Os dados relativos ao diâmetro médio das flores são apresentados no Quadro 7 e ilustrados graficamente na Fig. 7. As diferenças entre os tratamentos foram significativas para este carácter.

O diâmetro máximo da flor (6,93 cm) com flores de tamanho grande foi observado no genótipo MG-7-2, seguido pelo genótipo MG-9-1 (6,82 cm) e que estava a par do MG-7-2. O diâmetro mínimo da flor com flores de tamanho pequeno foi registado no genótipo MG-4-3 (4,25 cm).

4.1.2.4 Número de floretes de raios por flor

Os dados relativos ao número de flores de raios por flor dos genótipos de Gaillardia são apresentados no Quadro 8 e graficamente na Fig. 8. Os dados mostram que o número significativamente máximo de florzinhas de raio por flor foi registado no genótipo MG-5-1 (148,40). No entanto, os genótipos *viz.*, MG-5-2 (148,20), MG-9-1 (148,05), MG-5-5 (147,00), MG-3-1

(146,48), MG-3-2 (146,40), MG-9-4 (146,40), MG-9-3 (145,80), MG-9-2 (145,60), MG-6-2 (145,40), MG-3-3 (144,20), MG-3-4 (144,20), MG-5-4 (144,20), MG-6-1 (144,20), MG-4-1 (143,90), MG-5-3 (143,40), MG-7-1 (141.(40) MG-12-1 (142,80), MG-1-4 (141,60), MG-4-2 (141,60), MG-7-2

(141.(60) MG-4-4 (141.25), MG-7-3 (141.00), MG-14-1 (140.60), Local check (140.40), MG-1-3 (140.20), MG-2-1 (139.80) e MG-2-2 (139.50) registaram floretes de raios por flor e que estavam a par com MG-5-1. O

Quadro 6: Dias até 50 por cento de floração (dias)

Genotypes	Days to of 50% flowerig (days)	Genotypes	Days to of 50% flowerig (days)
MG-1-3	67.58	MG-7-3	71.04
MG-1-4	65.49	MG-8-1	71.59
MG-2-1	66.53	MG-8-2	72.58
MG-2-2	67.40	MG-9-1	64.38
MG-3-1	73.10	MG-9-2	73.48
MG-3-2	66.59	MG-9-3	68.72
MG-3-3	71.43	MG-9-4	68.64
MG-3-4	73.68	MG-10-1	71.49
MG-4-1	73.46	MG-10-2	68.38
MG-4-2	70.56	MG-10-3	70.42
MG-4-3	67.84	MG-10-4	71.09
MG-4-4	73.59	MG-10-5	68.35
MG-5-1	76.41	MG-11-1	73.64
MG-5-2	73.62	MG-12-1	77.14
MG-5-3	65.82	MG-12-2	78.67
MG-5-4	69.35	MG-12-3	73.61
MG-5-5	69.46	MG-13-1	78.94
MG-6-1	69.48	MG-14-1	68.51
MG-6-2	64.57	Local (C)	68.36
MG-7-1	68.52	SEm $\pm$	3.62
MG-7-2	66.15	CD at 5%	NS

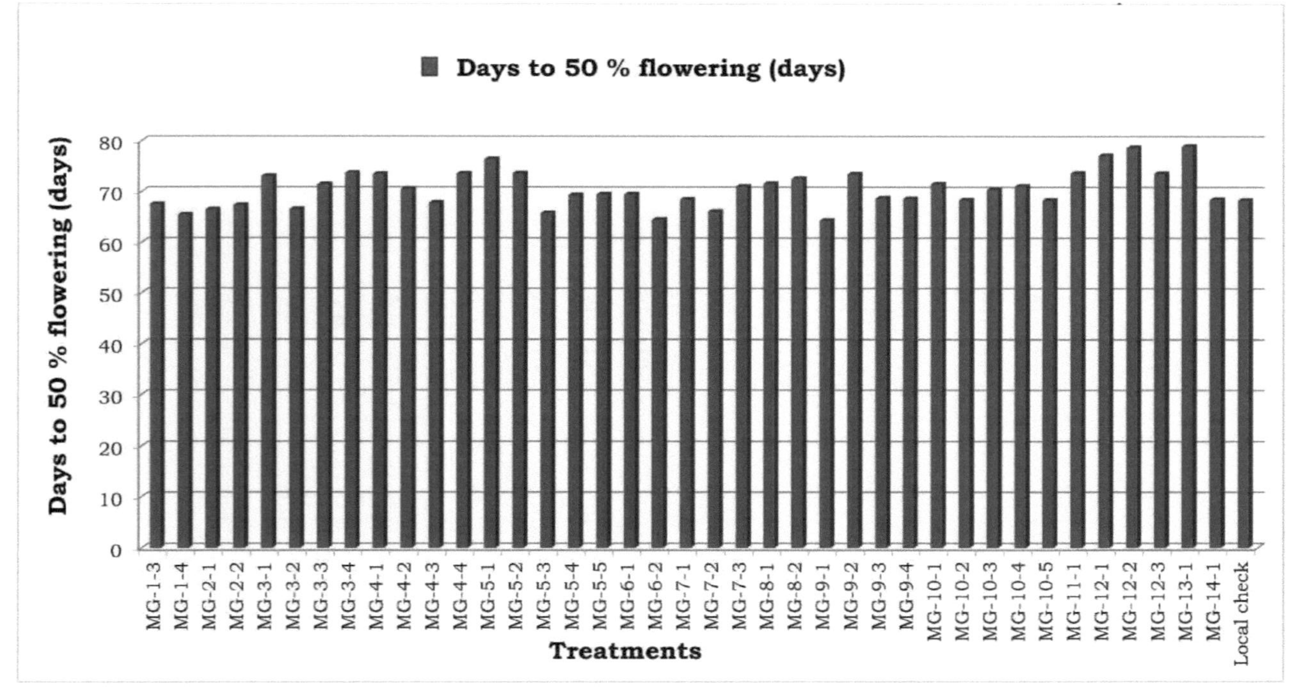

Fig. 6 Dias para 50 % de floração (dias)

Quadro 7 : Diâmetro médio das flores (cm)

Genotypes	Mean flower dia. (cm)	Genotypes	Mean flower dia. (cm)
MG-1-3	5.26	MG-7-3	5.85
MG-1-4	5.77	MG-8-1	5.69
MG-2-1	5.71	MG-8-2	6.10
MG-2-2	6.01	MG-9-1	6.82
MG-3-1	5.83	MG-9-2	5.89
MG-3-2	5.00	MG-9-3	5.94
MG-3-3	5.58	MG-9-4	6.16
MG-3-4	5.20	MG-10-1	5.23
MG-4-1	5.49	MG-10-2	5.61
MG-4-2	5.14	MG-10-3	6.15
MG-4-3	4.25	MG-10-4	5.59
MG-4-4	5.38	MG-10-5	5.21
MG-5-1	5.99	MG-11-1	4.61
MG-5-2	5.85	MG-12-1	4.87
MG-5-3	5.86	MG-12-2	5.38
MG-5-4	5.69	MG-12-3	5.45
MG-5-5	6.13	MG-13-1	5.38
MG-6-1	5.93	MG-14-1	5.63
MG-6-2	5.87	Local (C)	5.34
MG-7-1	5.93	SEm ±	0.11
MG-7-2	6.93	CD at 5%	0.32

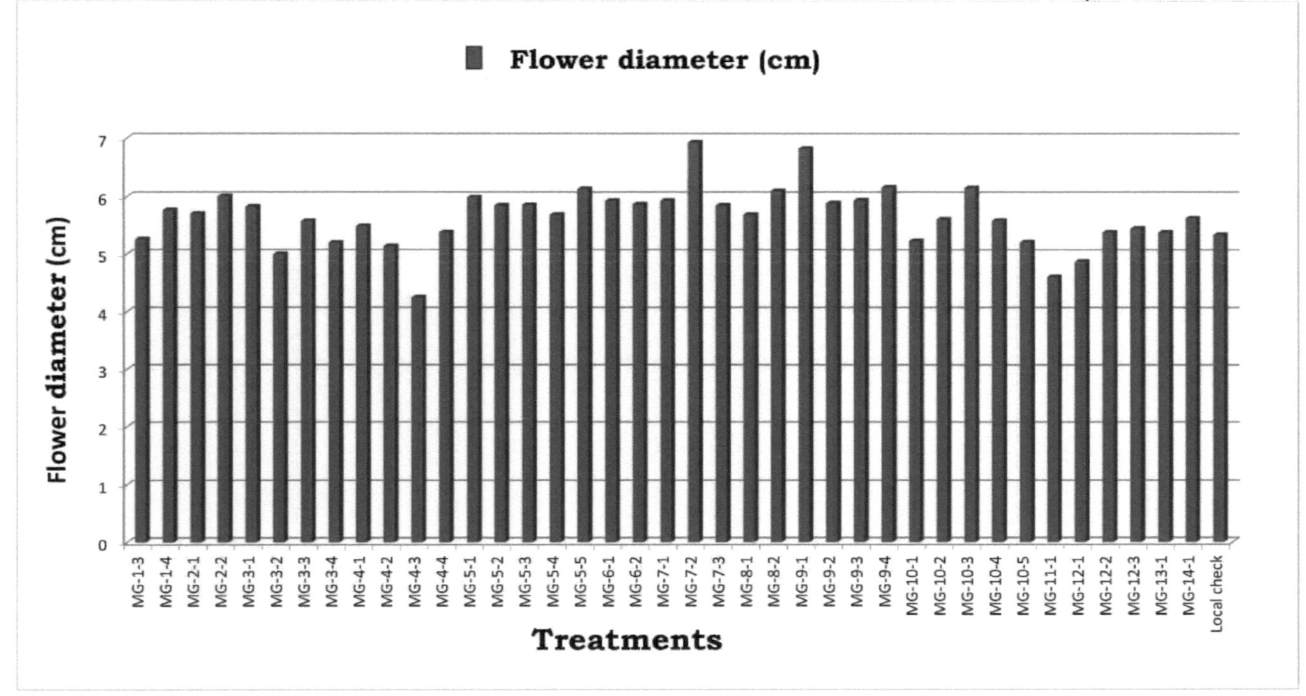

Fig. 7 Diâmetro médio das flores (cm)

Quadro 8 : Número médio de floretes de raios por flor

Genotypes	Mean number of ray florets / flower	Genotypes	Mean number of ray florets / flower
MG-1-3	140.20	MG-7-3	141.00
MG-1-4	141.60	MG-8-1	99.30
MG-2-1	139.80	MG-8-2	100.70
MG-2-2	139.50	MG-9-1	148.05
MG-3-1	146.48	MG-9-2	145.60
MG-3-2	146.40	MG-9-3	145.80
MG-3-3	144.20	MG-9-4	146.40
MG-3-4	144.20	MG-10-1	133.60
MG-4-1	143.90	MG-10-2	134.60
MG-4-2	141.60	MG-10-3	134.30
MG-4-3	122.50	MG-10-4	131.80
MG-4-4	141.25	MG-10-5	130.80
MG-5-1	148.40	MG-11-1	111.20
MG-5-2	148.20	MG-12-1	142.80
MG-5-3	143.40	MG-12-2	110.20
MG-5-4	144.20	MG-12-3	110.60
MG-5-5	147.00	MG-13-1	118.60
MG-6-1	144.20	MG-14-1	140.60
MG-6-2	145.40	Local (C)	140.40
MG-7-1	143.40	SEm $\pm$	3.39
MG-7-2	141.60	CD at 5%	9.70

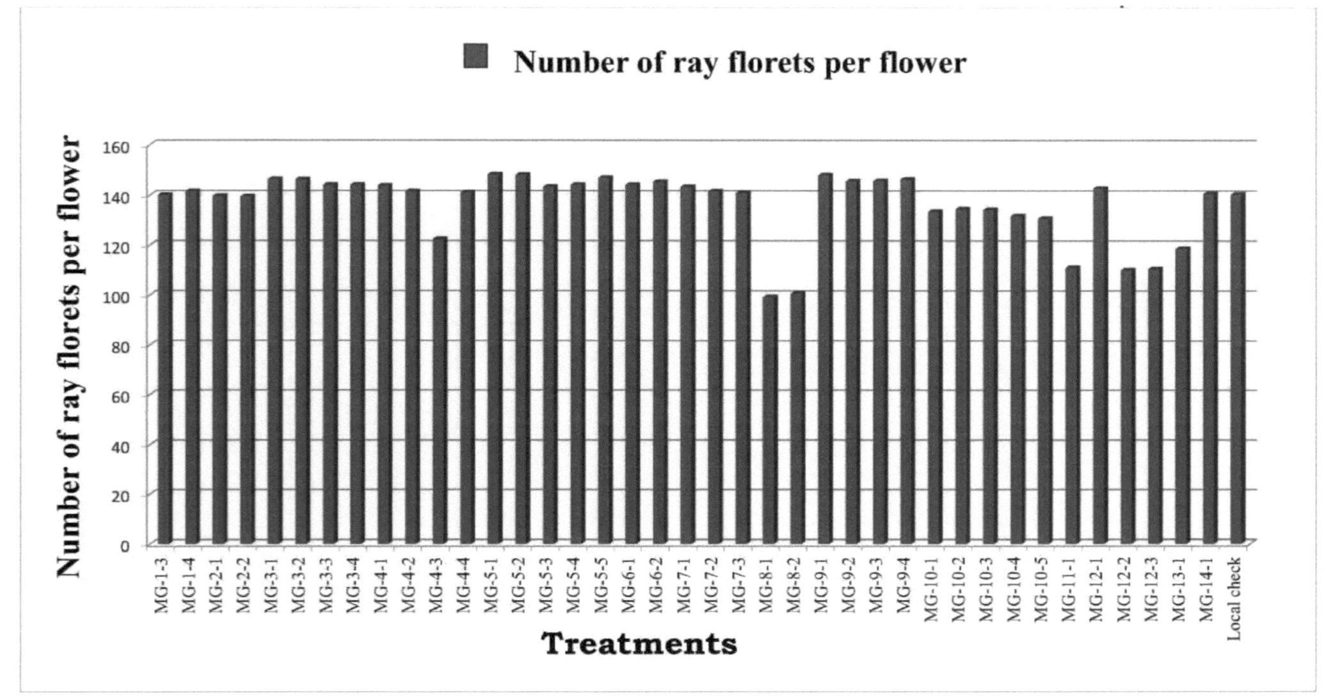

Fig. 8 Número de floretes de raios por flor

O número mínimo de florzinhas de raio por flor foi registado no genótipo MG-8-1 (99,30).

4.1.2.5 Comprimento do pedúnculo floral (cm)

Os dados relativos ao comprimento do pedúnculo floral foram analisados estatisticamente e apresentados no Quadro 9 e graficamente na Fig. 9.

Os dados mostraram que o comprimento máximo do pedúnculo floral foi registado no genótipo MG-2-2 (17,62 cm). Os genótipos MG-3-3 (17,53 cm), MG-10-4 (16,93 cm), MG-4-3 (16,82 cm), MG-4-4 (16,63 cm), MG-7- 2 (16-58 cm), MG-9-4 (16,56 cm), MG-3-1 (16,31 cm), MG-5-5 (15.98 cm), MG-5-1 (15,81 cm), MG-8.1 (15,75 cm), MG-9-3 (15,75 cm), MG-9-1 (15,65 cm), MG-4-1 (15,63 cm) e MG-10-2 (15,43 cm) foram iguais ao MG-5-1. O comprimento mínimo do pedúnculo floral foi registado no genótipo MG-1-4 (7,73 cm).

4.1.2.6 Espessura do pedúnculo floral (mm)

Os dados relativos à espessura média do pedúnculo floral em diferentes genótipos de gaillardia foram apresentados no Quadro 10 e graficamente na Fig.10. As diferenças entre tratamentos não foram significativas para este carácter. Os genótipos registaram uma espessura do pedúnculo floral entre 2,8 mm e 3,1 mm.

4.1.3 Caracteres de rendimento

4.1.3.1 Número de flores por planta

Os dados relativos ao número de flores por planta são apresentados no Quadro 11 e ilustrados graficamente na Fig. 11. Os dados indicam que o número de flores por planta variou significativamente com os diferentes genótipos.

O número máximo de flores por planta foi registado pelo genótipo MG-2-2 (288,35), seguido pelos genótipos MG-7-1 (263,23), MG-9-1 (242,43), MG-6-2 (228,71), controlo local (226,91) e MG-8-2 (221,10) e que estavam em sintonia com o MG-2-2. O número mínimo de flores por planta foi registado pelo genótipo MG-5-4 (102,05).

Quadro 9 : Comprimento do pedúnculo floral (cm)

Genotypes	Flower stalk length (cm)	Genotypes	Flower stalk length (cm)
MG-1-3	12.60	MG-7-3	14.40
MG-1-4	7.73	MG-8-1	15.75
MG-2-1	14.99	MG-8-2	10.45
MG-2-2	17.62	MG-9-1	15.65
MG-3-1	16.31	MG-9-2	13.79
MG-3-2	13.33	MG-9-3	15.75
MG-3-3	17.53	MG-9-4	16.56
MG-3-4	14.97	MG-10-1	12.16
MG-4-1	15.63	MG-10-2	15.43
MG-4-2	14.88	MG-10-3	12.23
MG-4-3	16.82	MG-10-4	16.93
MG-4-4	16.63	MG-10-5	14.33
MG-5-1	15.81	MG-11-1	13.51
MG-5-2	14.41	MG-12-1	12.55
MG-5-3	14.98	MG-12-2	13.31
MG-5-4	14.37	MG-12-3	10.70
MG-5-5	15.98	MG-13-1	13.42
MG-6-1	10.79	MG-14-1	11.19
MG-6-2	15.25	Local (C)	11.93
MG-7-1	13.32	SEm $\pm$	0.79
MG-7-2	16.58	CD at 5%	2.25

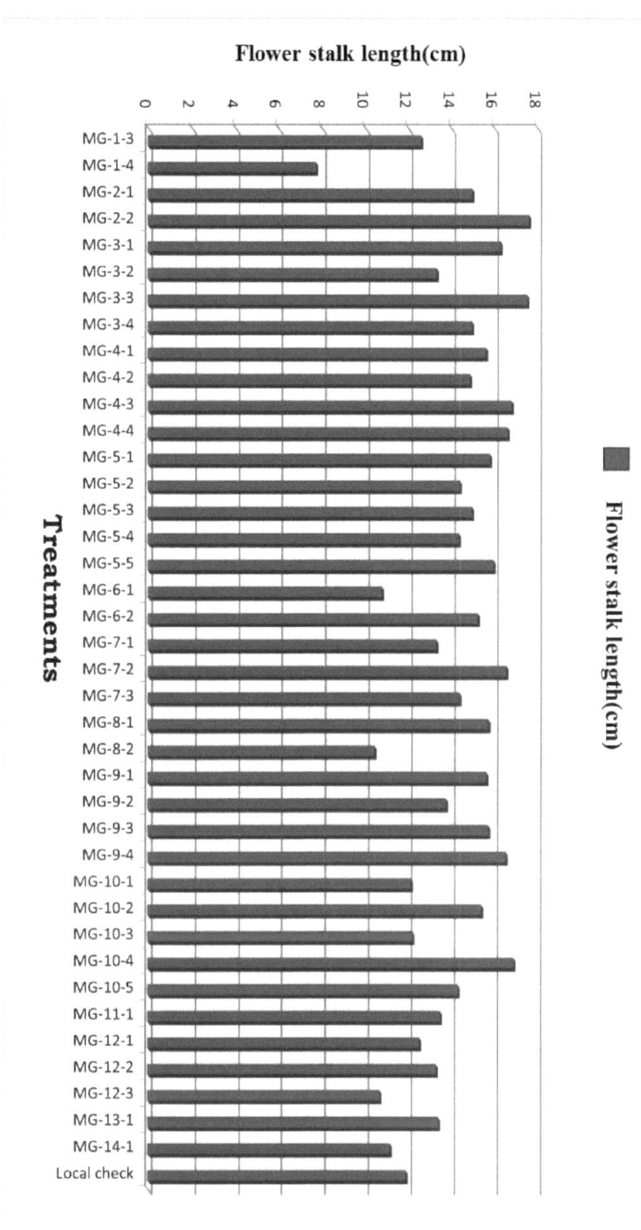

Fig. 9 Comprimento do pedúnculo floral (cm)

Quadro 10 : Espessura do pedúnculo floral (mm)

Genotypes	Flower stalk thickness (mm)	Genotypes	Flower stalk thickness (mm)
MG-1-3	3.1	MG-7-3	2.9
MG-1-4	3.0	MG-8-1	2.9
MG-2-1	2.8	MG-8-2	2.9
MG-2-2	2.9	MG-9-1	2.9
MG-3-1	2.8	MG-9-2	3.0
MG-3-2	2.8	MG-9-3	2.9
MG-3-3	2.9	MG-9-4	2.9
MG-3-4	2.8	MG-10-1	3.0
MG-4-1	2.8	MG-10-2	3.0
MG-4-2	2.9	MG-10-3	2.9
MG-4-3	2.9	MG-10-4	3.0
MG-4-4	2.8	MG-10-5	2.9
MG-5-1	3.0	MG-11-1	2.9
MG-5-2	3.1	MG-12-1	2.8
MG-5-3	3.0	MG-12-2	2.9
MG-5-4	3.0	MG-12-3	2.8
MG-5-5	2.9	MG-13-1	3.0
MG-6-1	2.9	MG-14-1	2.9
MG-6-2	3.0	Local (C)	2.9
MG-7-1	2.9	SEm $\pm$	0.15
MG-7-2	2.8	CD at 5%	NS

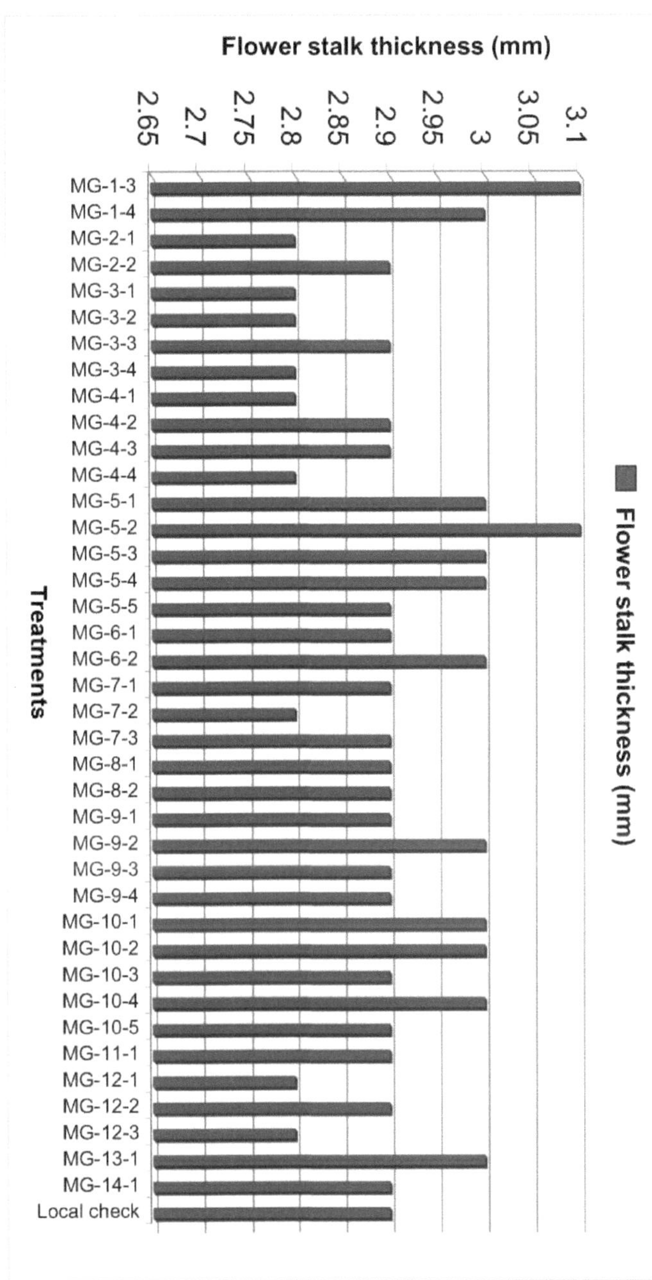

Fig. 10 Espessura do pedúnculo floral (mm)

Quadro 11: Número de flores por planta

Genotypes	Number of flowers per plant	Genotypes	Number of flowers per plant
MG-1-3	211.17	MG-7-3	162.53
MG-1-4	210.47	MG-8-1	193.27
MG-2-1	196.64	MG-8-2	221.10
MG-2-2	288.35	MG-9-1	242.43
MG-3-1	201.31	MG-9-2	164.51
MG-3-2	209.51	MG-9-3	172.10
MG-3-3	139.33	MG-9-4	172.05
MG-3-4	183.58	MG-10-1	167.18
MG-4-1	169.65	MG-10-2	212.82
MG-4-2	155.49	MG-10-3	180.14
MG-4-3	205.92	MG-10-4	155.84
MG-4-4	126.81	MG-10-5	201.09
MG-5-1	160.93	MG-11-1	179.85
MG-5-2	213.43	MG-12-1	171.53
MG-5-3	194.67	MG-12-2	171.60
MG-5-4	102.05	MG-12-3	185.05
MG-5-5	203.00	MG-13-1	197.85
MG-6-1	187.67	MG-14-1	204.49
MG-6-2	228.71	Local (C)	226.91
MG-7-1	263.23	SEm $\pm$	25.35
MG-7-2	175.25	CD at 5%	72.52

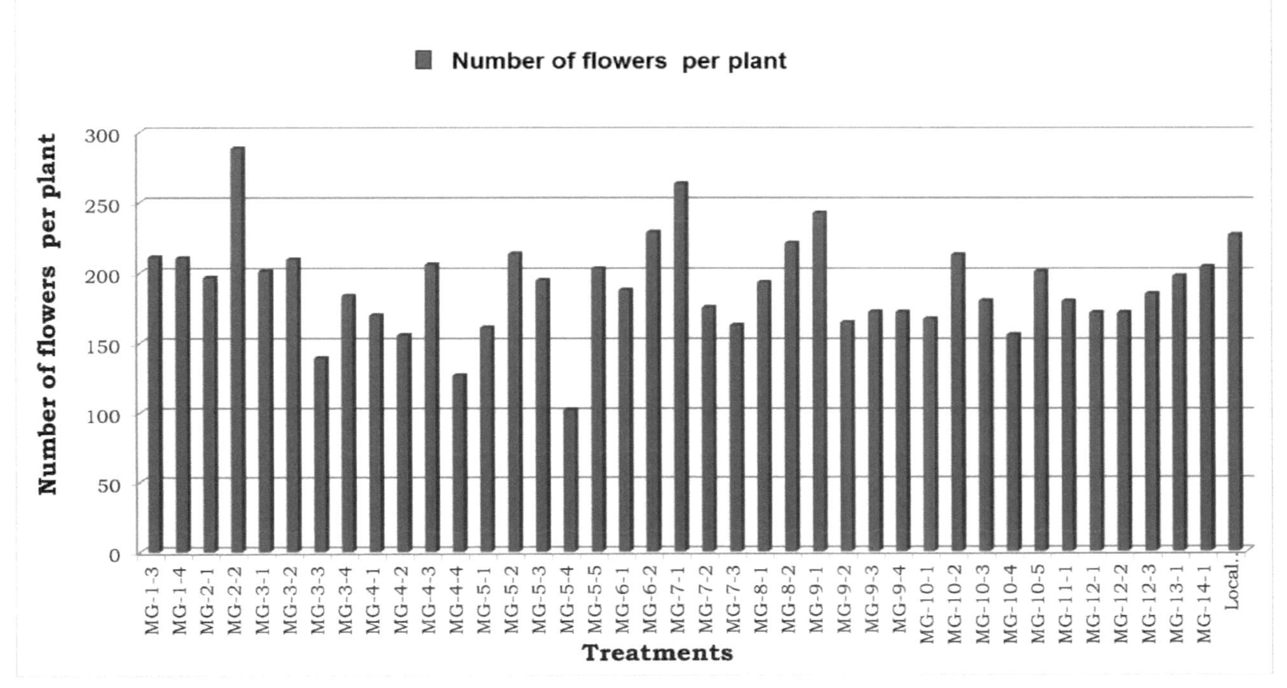

Fig. 11 Número de flores por planta

4.1.3.2 Peso das flores por planta (g)

Os dados relativos ao peso da flor por planta de diferentes genótipos de gaillardia são apresentados no Quadro 12 e ilustrados graficamente na Fig. 12. Os dados revelaram diferenças significativas entre os tratamentos para este carácter.

O maior rendimento de flores por planta foi obtido no genótipo MG-9-1 (631 g), seguido pelos genótipos MG-7-2 (600,76 g), MG-6-2 (588,31 g), MG-2-2 (563,13 g), MG-5-5 (535,69 g) e MG-2-1 (531,09 g), que estavam no mesmo nível do genótipo MG-9-1. A menor produção de flores por planta foi registada pelo genótipo MG-4-3 (317,74 g).

4.1.3.3 Peso de 100 flores (g)

Os dados relativos ao peso total de 100 flores de diferentes genótipos de gaillardia são apresentados no Quadro 13 e graficamente na Fig. 13. O peso significativamente mais elevado de 100 flores foi registado pelos genótipos MG7-2 e MG-9-1 (333 g cada) e que foram estatisticamente iguais aos genótipos MG-4-4 (271 g) e MG-5-4 (264 g). O peso total mínimo de 100 flores foi registado pelo genótipo MG-4-3 (179 g).

4.1.3.4 Rendimento de flores por parcela (kg)

Os dados relativos à produção de flores por parcela são apresentados no Quadro 14 e ilustrados graficamente na Fig. 14. Os dados revelaram que as diferenças entre os tratamentos foram significativas para este carácter. Os genótipos MG-9-1 registaram significativamente a maior produção de flores (12,02 kg) por parcela. No entanto, os genótipos MG-7-2 (11,42 kg), MG-6-2 (11,17 kg), MG-2-2 (10,67 kg), MG-5-5 (10,12 kg) e MG-2-1 (10,03 kg) produziram a maior produção de flores por parcela, que foi igual à do genótipo MG-9-1. O genótipo MG-4-3 (5,96 kg) registou a menor produção de flores por parcela.

Quadro 12 : Peso das flores por planta (g)

Genotypes	Weight of flowers per plant (g)	Genotypes	Weight of flowers per plant (g)
MG-1-3	453.74	MG-7-3	438.59
MG-1-4	442.57	MG-8-1	481.27
MG-2-1	531.09	MG-8-2	505.81
MG-2-2	563.13	MG-9-1	631.00
MG-3-1	427.40	MG-9-2	437.06
MG-3-2	491.74	MG-9-3	438.78
MG-3-3	351.77	MG-9-4	417.12
MG-3-4	415.04	MG-10-1	361.61
MG-4-1	389.86	MG-10-2	505.45
MG-4-2	374.15	MG-10-3	414.04
MG-4-3	317.74	MG-10-4	351.05
MG-4-4	358.90	MG-10-5	433.00
MG-5-1	366.39	MG-11-1	431.74
MG-5-2	429.93	MG-12-1	445.82
MG-5-3	407.19	MG-12-2	407.01
MG-5-4	358.90	MG-12-3	423.61
MG-5-5	535.69	MG-13-1	458.61
MG-6-1	440.49	MG-14-1	390.13
MG-6-2	588.31	Local (C)	488.67
MG-7-1	506.90	SEm $\pm$	35.05
MG-7-2	600.76	CD at 5%	100.26

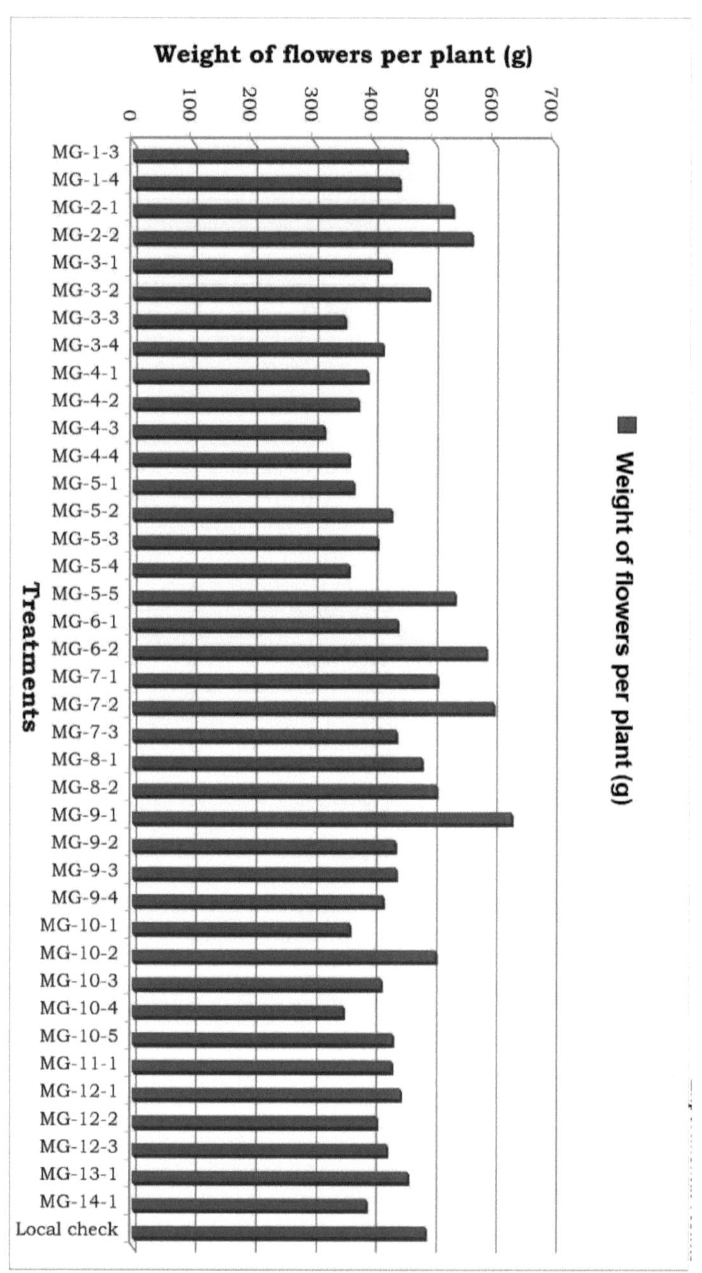

Fig. 12 Peso das flores por planta (g)

Quadro 13 : Peso de 100 flores (g)

Genotypes	Weight of 100 flowers (g)	Genotypes	Weight of 100 flowers (g)
MG-1-3	201	MG-7-3	262
MG-1-4	202	MG-8-1	236
MG-2-1	255	MG-8-2	221
MG-2-2	186	MG-9-1	333
MG-3-1	203	MG-9-2	259
MG-3-2	227	MG-9-3	249
MG-3-3	239	MG-9-4	231
MG-3-4	216	MG-10-1	206
MG-4-1	223	MG-10-2	224
MG-4-2	229	MG-10-3	228
MG-4-3	179	MG-10-4	212
MG-4-4	271	MG-10-5	212
MG-5-1	215	MG-11-1	233
MG-5-2	193	MG-12-1	259
MG-5-3	200	MG-12-2	226
MG-5-4	264	MG-12-3	218
MG-5-5	249	MG-13-1	220
MG-6-1	227	MG-14-1	190
MG-6-2	245	Local (C)	202
MG-7-1	186	SEm $\pm$	24.25
MG-7-2	333	CD at 5%	69.36

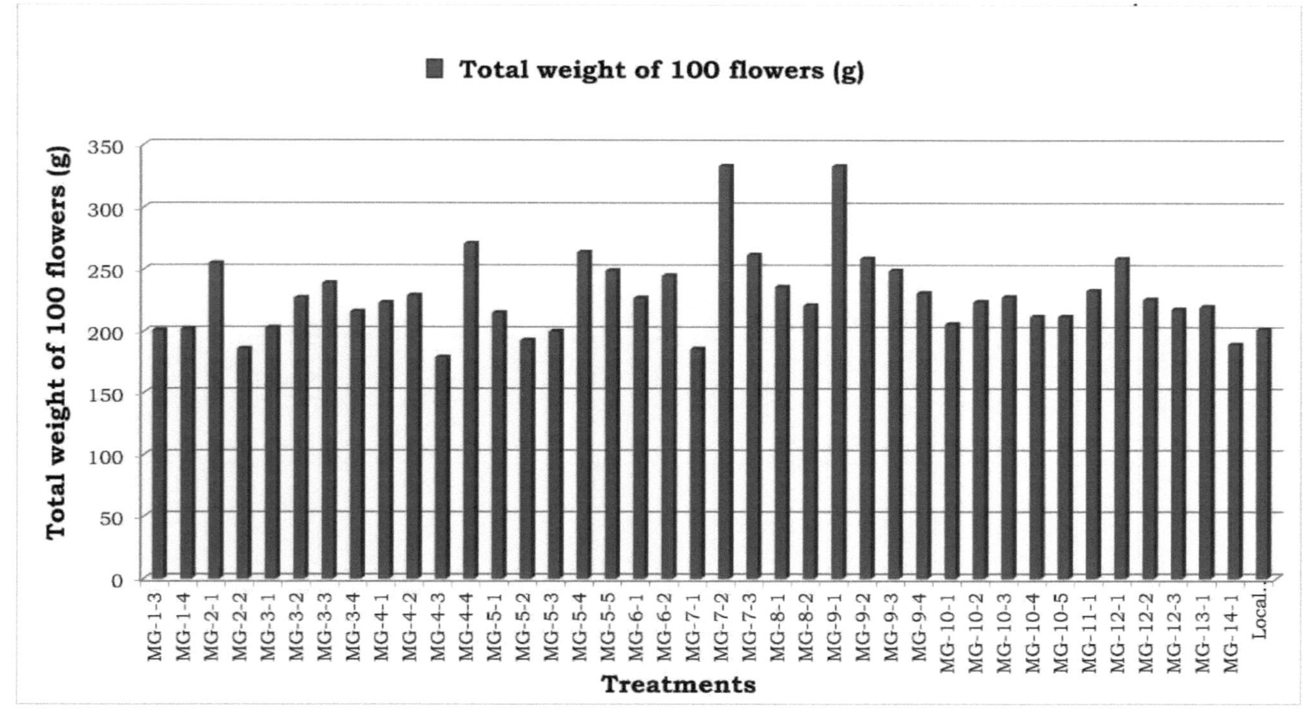

Fig. 13 Peso total de 100 flores (g)

Quadro 14: Rendimento de flores por parcela (kg)

Genotypes	Yield of flowers per plot (kg)	Genotypes	Yield of flowers per plot (kg)
MG-1-3	8.48	MG-7-3	8.37
MG-1-4	8.45	MG-8-1	9.03
MG-2-1	10.03	MG-8-2	9.52
MG-2-2	10.67	MG-9-1	12.02
MG-3-1	8.15	MG-9-2	8.34
MG-3-2	9.24	MG-9-3	8.38
MG-3-3	6.64	MG-9-4	7.94
MG-3-4	7.90	MG-10-1	6.84
MG-4-1	7.40	MG-10-2	9.51
MG-4-2	7.09	MG-10-3	7.88
MG-4-3	5.96	MG-10-4	6.62
MG-4-4	6.78	MG-10-5	8.26
MG-5-1	6.93	MG-11-1	8.24
MG-5-2	8.20	MG-12-1	9.02
MG-5-3	7.75	MG-12-2	7.74
MG-5-4	6.78	MG-12-3	8.07
MG-5-5	10.12	MG-13-1	8.57
MG-6-1	8.41	MG-14-1	7.41
MG-6-2	11.17	Local (C)	9.18
MG-7-1	9.54	SEm $\pm$	0.70
MG-7-2	11.42	CD at 5%	2.01

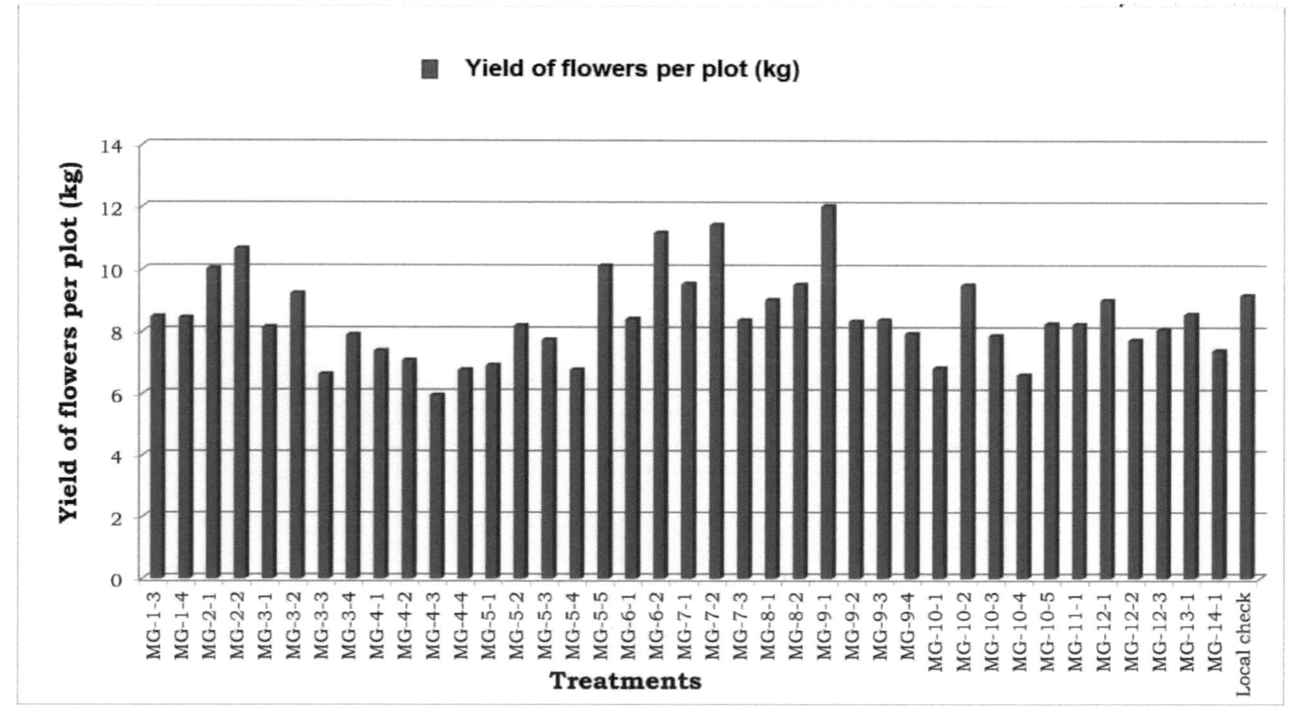

Fig. 14 Rendimento de flores por parcela (kg)

4.1.3.5 Rendimento de flores por hectare (tonelada)

Os dados relativos à produção de flores por hectare de diferentes genótipos de gaillardia são apresentados no Quadro 15 e ilustrados graficamente na Fig. 15. Os dados revelaram que a produção de flores variou significativamente com os diferentes genótipos. O genótipo MG-9-1 produziu significativamente a produção máxima de flores (33,30 toneladas), seguido pelos genótipos *viz.*, MG-7-2 (31,62 toneladas), MG-6-2 (30,93 toneladas), MG-2-2 (29,54 toneladas), MG-5-5 (28,02 toneladas) e MG-2-1 (27,76 toneladas) produziram a produção de flores que estavam a par com o genótipo MG-9-1. A produção mínima de flores (16,50 toneladas) por hectare foi registada pelo genótipo MG-4-3.

4.1.3.6 Prazo de validade (dias)

Os dados relativos à observação do tempo de vida em vaso das flores cortadas e do tempo de vida em prateleira das flores soltas são apresentados no Quadro 16 e ilustrados graficamente na Fig. 16

Os dados mostraram que o tempo máximo de vida de vaso das flores de corte foi registado no genótipo MG-5-5 (4,73 dias). Os genótipos MG-9-1 (4,52 dias), MG-5-3 (4,51 dias), MG-6-2 (4,49 dias), MG-13-1 (4,47 dias), MG-4-2 (4,44 dias), MG-2-2 (4,43 dias), MG-2-1 (4,39 dias), MG-5-2 (4,39 dias), MG-3-1 (4,37 dias), MG-7-2 (4,37 dias) e MG-6-1 (4,33 dias) foram estatisticamente iguais aos genótipos MG-5-5. O tempo mínimo de vida de vaso foi observado no genótipo MG-11-1 (3,65 dias).

Os dados mostram que o tempo máximo de conservação das flores soltas foi registado no genótipo MG-5-5 (2,52 dias). Os genótipos MG-2-2 (2,49 dias), MG-9-1 (2,39 dias), MG-7-2 (2,30 dias), MG-13-1 (2,27 dias), MG-6-2 (2,21 dias) e MG-10-2 (2,20 dias) foram iguais ao genótipo MG-5-5. O tempo mínimo de conservação foi observado no genótipo MG-12-2 (1,78 dias).

Quadro 15: Rendimento de flores por hectare (tonelada)

Genotypes	Yield of flowers per hectare (tonne)	Genotypes	Yield of flowers per hectare (tonne)
MG-1-3	23.48	MG-7-3	23.19
MG-1-4	23.41	MG-8-1	25.00
MG-2-1	27.76	MG-8-2	26.36
MG-2-2	29.54	MG-9-1	33.30
MG-3-1	22.57	MG-9-2	23.11
MG-3-2	25.58	MG-9-3	23.20
MG-3-3	18.38	MG-9-4	22.00
MG-3-4	21.89	MG-10-1	18.93
MG-4-1	20.49	MG-10-2	26.34
MG-4-2	19.62	MG-10-3	21.83
MG-4-3	16.50	MG-10-4	18.34
MG-4-4	18.78	MG-10-5	22.88
MG-5-1	19.19	MG-11-1	22.81
MG-5-2	22.71	MG-12-1	24.98
MG-5-3	21.45	MG-12-2	21.44
MG-5-4	18.78	MG-12-3	22.36
MG-5-5	28.02	MG-13-1	23.75
MG-6-1	23.30	MG-14-1	20.51
MG-6-2	30.93	Local (C)	25.41
MG-7-1	26.42	SEm $\pm$	1.95
MG-7-2	31.62	CD at 5%	5.57

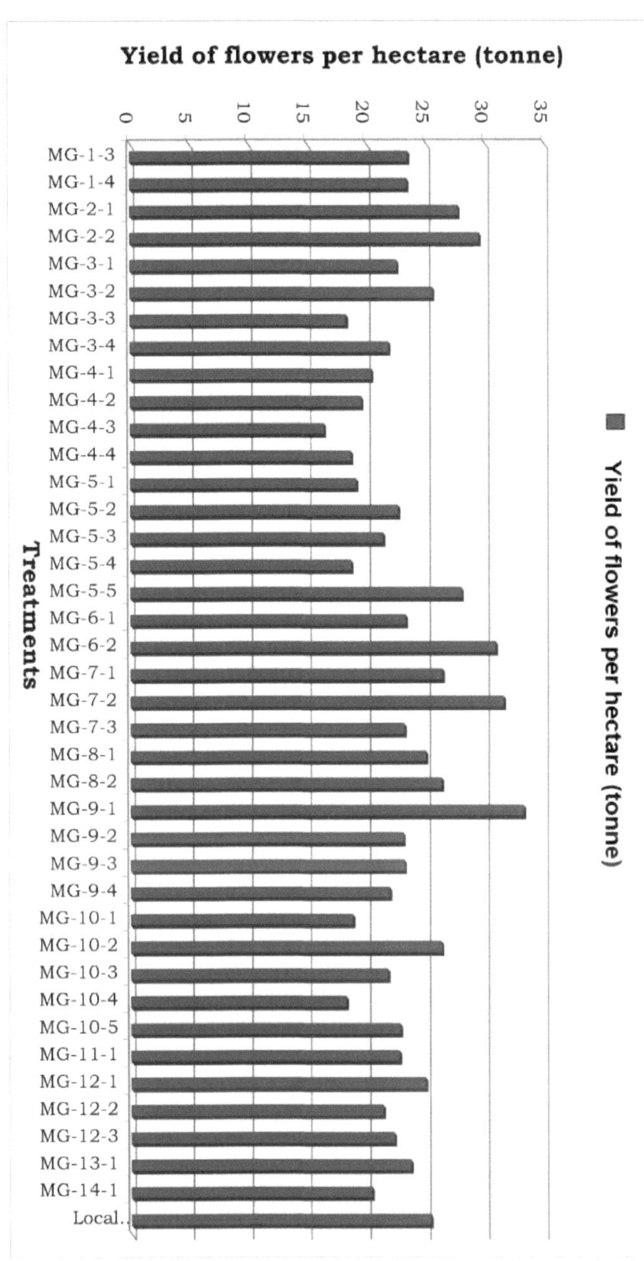

Fig. 15 Rendimento de flores por hectare (tonelada)

Quadro 16 : Estudo do armazenamento de flores cortadas e soltas (dias) de diferentes genótipos de gaillardia

Genotypes	Cut flowers (Days)	Loose flowers (Days)	Genotypes	Cut flowers (Days)	Loose flowers (Days)
MG-1-3	3.97	1.97	MG-7-3	3.76	1.97
MG-1-4	3.87	1.94	MG-8-1	4.12	1.99
MG-2-1	4.39	2.17	MG-8-2	4.23	2.18
MG-2-2	4.43	2.49	MG-9-1	4.52	2.39
MG-3-1	4.37	2.13	MG-9-2	4.03	2.00
MG-3-2	4.31	2.19	MG-9-3	4.15	1.95
MG-3-3	3.73	1.99	MG-9-4	4.21	1.97
MG-3-4	3.84	1.96	MG-10-1	3.99	1.82
MG-4-1	3.81	1.84	MG-10-2	4.07	2.20
MG-4-2	4.44	2.07	MG-10-3	3.91	1.93
MG-4-3	3.72	1.89	MG-10-4	3.88	1.88
MG-4-4	3.85	1.94	MG-10-5	3.78	1.80
MG-5-1	4.28	2.15	MG-11-1	3.65	1.82
MG-5-2	4.39	2.03	MG-12-1	3.77	1.87
MG-5-3	4.51	2.09	MG-12-2	3.82	1.78
MG-5-4	3.90	1.95	MG-12-3	3.89	1.83
MG-5-5	4.73	2.52	MG-13-1	4.47	2.27
MG-6-1	4.33	2.05	MG-14-1	3.92	1.85
MG-6-2	4.49	2.21	Local (C)	3.89	1.95
MG-7-1	3.93	1.98	SEm $\pm$	0.14	0.11
MG-7-2	4.37	2.30	CD at 5%	0.41	0.32

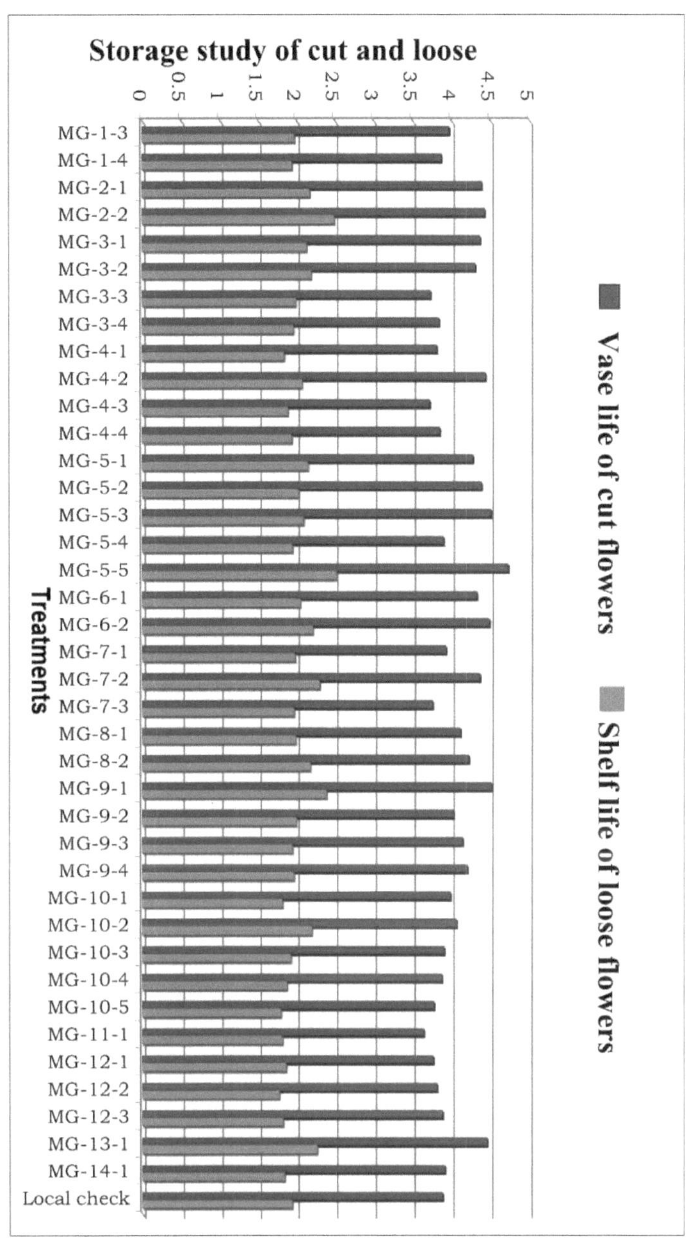

Fig. 16 Estudo do armazenamento de flores cortadas e soltas (dias)

4.2 Caracteres quantitativos

4.2.1 Cor da flor

A variação da cor da flor foi registada entre os diferentes genótipos de gaillardia. A cor da flor foi registada comparando a cor dos floretes de raio com a tabela de cores da Royal Horticulture Society. O resultado das observações é apresentado no quadro 17. Os dados revelaram que os diferentes genótipos apresentaram variações na cor da flor. Out of forty genotypes under study the two genotypes *viz.*, MG-4-3 and MG-7-3 showed Aureolin flower colour, twelve genotypes *viz.*, MG-3-1, MG-5-1, MG-5-3, MG-6-2, MG-8-1, MG-9-2, MG-10-1, MG-10-3, MG-10-5, MG-12-2, MG-13-1 and MG-14-1 showed Lemon Yellow flower colour, twelve genotypes *viz.*, MG-1- 3, MG-1-4, MG-2-2, MG-3-2, MG-3-4, MG-4-2, MG-4-4, MG-5-4, MG-7-2, MG-8-2, MG-9-4 e MG-12-1apresentaram flores de cor Amarelo botão de ouro e catorze genótipos *viz.*, MG-2-1, MG-3-3, MG-4-1, MG-5-2, MG-5-5, MG-6-1, MG-7-1, MG-9-1, MG-9-3, MG-10-2, MG-10-4, MG-11-1, MG-12-3 e o controlo local apresentaram flores de cor Amarelo Índio.

As respectivas cores e códigos de cores dos genótipos foram os seguintes Os genótipos MG-4-3 e MG-7-3 apresentaram cor Aureolim com código 3. Os genótipos MG-5-3, MG-6-2, MG-10-5 e MG-14-1 apresentaram cor Amarelo Limão com código 4. Os genótipos MG-3-1, MG-5-1, MG-8-1, MG-9-2, MG-10-1, MG-10-3, MG-12-2 e MG-13-1 apresentaram coloração amarelo-limão com código 4/1. Os genótipos MG-1-4, MG-2-2, MG-4-4, MG-5-4 e MG-9-4, apresentaram coloração Amarelo Buttercup com código 5. Os genótipos MG-1-3, MG-3-2, MG-3-4, MG-4-2, MG-7-2, MG-8-2 e MG-12-1 apresentaram coloração Amarelo-amarelo com código 5/1. Os genótipos MG-2-1, MG-6-1 e MG-10-2 apresentaram coloração Amarelo Índio com código 6. Os genótipos MG-3-3, MG-4-1, MG-5-2, MG-5-5, MG-7-1, MG-9-1, MG-9-3, MG-10-4, MG-11-1, MG-12-3 e o controlo local apresentaram a cor Amarelo Índio com o código 6/1.

Quadro 17: Cor da flor e código de cor

Genotypes	Flower colour		Genotypes	Flower colour	
	Flower colour	Colour code		Flower colour	Colour code
MG-1-3	Buttercup Yellow	5/1	MG-7-2	Buttercup Yellow	5/1
MG-1-4	Buttercup Yellow	5	MG-7-3	Aureolin	3
MG-2-1	Indian Yellow	6	MG-8-1	Lemon Yellow	4/1
MG-2-2	Buttercup Yellow	5	MG-8-2	Buttercup Yellow	5/1
MG-3-1	Lemon Yellow	4/1	MG-9-1	Indian Yellow	6/1
MG-3-2	Buttercup Yellow	5/1	MG-9-2	Lemon Yellow	4/1
MG-3-3	Indian Yellow	6/1	MG-9-3	Indian Yellow	6/1
MG-3-4	Buttercup Yellow	5/1	MG-9-4	Buttercup Yellow	5
MG-4-1	Indian Yellow	6/1	MG-10-1	Lemon Yellow	4
MG-4-2	Buttercup Yellow	5/1	MG-10-2	Indian Yellow	6
MG-4-3	Aureolin	3	MG-10-3	Lemon Yellow	4/1
MG-4-4	Buttercup Yellow	5	MG-10-4	Indian Yellow	6/1
MG-5-1	Lemon Yellow	4/1	MG-10-5	Lemon Yellow	4
MG-5-2	Indian Yellow	6/1	MG-11-1	Indian Yellow	6/1
MG-5-3	Lemon Yellow	4	MG-12-1	Buttercup Yellow	5/1
MG-5-4	Buttercup Yellow	5	MG-12-2	Lemon Yellow	4/1
MG-5-5	Indian Yellow	6/1	MG-12-3	Indian Yellow	6/1
MG-6-1	Indian Yellow	6	MG-13-1	Lemon Yellow	4/1
MG-6-2	Lemon Yellow	4	MG-14-1	Lemon Yellow	4
MG-7-1	Indian Yellow	6/1	Local (C)	Indian Yellow	6/1

4.2.2 Forma da pétala

Os dados revelaram que os diferentes genótipos apresentam menos variações no que respeita à forma das pétalas. O resultado das observações é apresentado no quadro 18. Dos quarenta genótipos em estudo, seis genótipos, *a saber*, MG-4-2, MG-5-3, MG-6-2, MG-7-2, MG-10-1 e MG-10-5, apresentaram pétalas estreitas com ponta romba e os restantes trinta e quatro genótipos apresentaram pétalas estreitas com ponta pontiaguda.

4.2.3 Pubescência

As pequenas estruturas semelhantes a pêlos, designadas por pubescência, foram observadas no pedúnculo da flor e agrupadas em três categorias: pubescência densa, média e baixa. Dos quarenta genótipos em estudo, dois genótipos, MG-6-1 e MG-14-1, apresentaram pubescência densa e cinco genótipos, MG-2-1, MG-3-1, MG-5-4, MG-7-1 e MG-10-2, apresentaram pubescência média. Os demais genótipos apresentaram baixa pubescência no pedúnculo floral.

Quadro 18 : Forma da pétala

Genotypes	Shape of petal	Genotypes	Shape of petal
MG-1-3	Narrow with pointed tip	**MG-7-2**	Narrow with blunt tip
MG-1-4	Narrow with pointed tip	**MG-7-3**	Narrow with pointed tip
MG-2-1	Narrow with pointed tip	**MG-8-1**	Narrow with pointed tip
MG-2-2	Narrow with pointed tip	**MG-8-2**	Narrow with pointed tip
MG-3-1	Narrow with pointed tip	**MG-9-1**	Narrow with pointed tip
MG-3-2	Narrow with pointed tip	**MG-9-2**	Narrow with pointed tip
MG-3-3	Narrow with pointed tip	**MG-9-3**	Narrow with pointed tip
MG-3-4	Narrow with pointed tip	**MG-9-4**	Narrow with pointed tip
MG-4-1	Narrow with pointed tip	**MG-10-1**	Narrow with blunt tip
MG-4-2	Narrow with blunt tip	**MG-10-2**	Narrow with pointed tip
MG-4-3	Narrow with pointed tip	**MG-10-3**	Narrow with pointed tip
MG-4-4	Narrow with pointed tip	**MG-10-4**	Narrow with pointed tip
MG-5-1	Narrow with pointed tip	**MG-10-5**	Narrow with blunt tip
MG-5-2	Narrow with pointed tip	**MG-11-1**	Narrow with pointed tip
MG-5-3	Narrow with blunt tip	**MG-12-1**	Narrow with pointed tip
MG-5-4	Narrow with pointed tip	**MG-12-2**	Narrow with pointed tip
MG-5-5	Narrow with pointed tip	**MG-12-3**	Narrow with pointed tip
MG-6-1	Narrow with pointed tip	**MG-13-1**	Narrow with pointed tip
MG-6-2	Narrow with blunt tip	**MG-14-1**	Narrow with pointed tip
MG-7-1	Narrow with pointed tip	**Local (C)**	Narrow with pointed tip

Quadro 19 : Pubescência

Genotypes	Pubescence	Genotypes	Pubescence
MG-1-3	Low	MG-7-2	Low
MG-1-4	Low	MG-7-3	Low
MG-2-1	Medium	MG-8-1	Low
MG-2-2	Low	MG-8-2	Low
MG-3-1	Medium	MG-9-1	Low
MG-3-2	Low	MG-9-2	Low
MG-3-3	Low	MG-9-3	Low
MG-3-4	Low	MG-9-4	Low
MG-4-1	Low	MG-10-1	Low
MG-4-2	Low	MG-10-2	Medium
MG-4-3	Low	MG-10-3	Low
MG-4-4	Low	MG-10-4	Low
MG-5-1	Low	MG-10-5	Low
MG-5-2	Low	MG-11-1	Low
MG-5-3	Low	MG-12-1	Low
MG-5-4	Medium	MG-12-2	Low
MG-5-5	Low	MG-12-3	Low
MG-6-1	Dense	MG-13-1	Low
MG-6-2	Low	MG-14-1	Dense
MG-7-1	Medium	Local (C)	Low

Prato I

MG-2-1

MG-2-2

Prato II

MG-5-5

MG-6-2

Placa III

MG-7-1

MG-7-2

Placa IV

MG-9-1

Controlo local

Capítulo 5

5. DISCUSSÃO

O objetivo básico da investigação é estudar e avaliar os diferentes genótipos de gaillardia para caracteres quantitativos, como caracteres de crescimento, caracteres de floração, caracteres de rendimento e caracteres qualitativos. A gaillardia é uma importante cultura de flores que obtém bons preços no mercado. A gaillardia precisa de atenção para melhorar o rendimento e os caracteres que contribuem para o rendimento com a qualidade das flores. A este respeito, a cor da flor, a atratividade e o rendimento da flor têm um significado especial. No caso da gaillardia, existem muito poucas variedades disponíveis para cultivo comercial. Tendo isto em conta, foram feitos esforços na presente investigação para estudar a extensão da variabilidade entre os diferentes genótipos de gaillardia. Para identificar o melhor tipo de genótipo, é utilizado um método de seleção para melhorar a gaillardia. Os resultados obtidos a partir de dados relativos a um ano são discutidos a seguir, em rubricas adequadas.

5.1 Caracteres quantitativos

5.1.1 Caracteres de crescimento

As observações foram registadas sobre os caracteres de crescimento, *nomeadamente a* altura da planta, a dispersão da planta e o número de ramos por planta, periodicamente em diferentes fases de crescimento da planta.

5.1.1.1 Altura média das plantas (cm)

A altura média das plantas dos diferentes genótipos é apresentada no quadro 2, no capítulo anterior. A partir dos dados, pode ser revelado que a altura das plantas diferiu significativamente em diferentes genótipos de gaillardia. O genótipo MG-10-2 registou uma altura de planta significativamente mais elevada (80,52 cm), (99,50 cm) e (102,86 cm) aos 90, 120 e 150 dias após o transplante, respetivamente. Entre os quarenta genótipos, dez genótipos, *a saber*, MG-3-2, MG-9-1, MG-4-1, MH-9-4, MG-

9-2, MG-2-2, MG-5-5, MG-7-2 e MG-6-2, foram iguais ao genótipo MG-10-2. O genótipo MG-10-4 (79,39 cm) registou a altura de planta mais baixa aos 150 dias após o transplante e foi o que menos cresceu.

Os presentes resultados relativos à altura da planta, em geral, estão de acordo com os relatados por Agale (2012) em gaillardia, Palai *et al.* (1999) em crisântemo, Swaroop *et al.* (2004) em China aster e Bhati e Chitkara (1989) em calêndula.

5.1.1.2 Espalhamento da planta (cm)

A propagação da planta diferiu significativamente nos diferentes genótipos de gaillardia em estudo quando medida aos 90 dias após o transplante. A propagação da planta na direção (E-W) foi significativamente máxima no genótipo MG-9-1 (90,28 cm) e a propagação mínima da planta foi registada no genótipo MG-7-3 (48,39 cm). A dispersão da planta na direção (N-S) foi a mais elevada no genótipo MG-3-2 (80,34 cm). O genótipo MG-9-1 (76,48 cm) foi igual ao genótipo MG-3-2. A dispersão mínima das plantas foi registada pelo genótipo MG-14-1 (39,61 cm).

A diferença na propagação das plantas pode ser devida a características varietais e resultados semelhantes foram obtidos por Agale (2012) em gaillardia.

Os presentes resultados experimentais estão em conformidade com as conclusões comunicadas por Jagtap (2013). Ele estudou doze genótipos de china aster e encontrou diferenças no caso da propagação de plantas na china aster aos 90 dias após o transplante. Entre todos os genótipos de china aster, na direção E-W, a cv. Phule Ganesh Violet registou a propagação máxima das plantas (34,3 cm), enquanto a cv. Local-4 (18,4 cm) e na direção N-S a cv. Phule Ganesh Violet registou a propagação máxima das plantas (37,2 cm) enquanto que a mínima na cv. Local-3 (20,4 cm).

5.1.1.3 Número de ramos por planta

Os genótipos em estudo apresentaram diferenças significativas para este carácter. O número de tranças primárias por planta foi significativamente máximo no genótipo MG-7-2 (21,48) e o número mínimo de tranças primárias por planta foi registado pelo genótipo MG-3-4 (7,95). O número de ramos secundários por planta foi significativamente máximo no genótipo MG-9-1 (58,50) e o número mínimo de ramos secundários por planta foi registado no genótipo MG-6-1 (25,07). A variação no número de ramos por planta pode ser devida à caraterística genética do genótipo.

Estes resultados foram contrariados por Agale (2012) em gaillardia. No seu estudo, os ramos primários variaram entre 17,40 e 20,47. Também estes resultados são semelhantes aos de Kale (2002) em gaillardia.

5.1.2 Caracteres de floração

Foram registadas as observações sobre os dias necessários para o início da floração, os dias necessários para 50% da floração, o diâmetro da flor e o número de floretes por flor, sendo os dados apresentados no quadro 5, como no capítulo anterior

5.1.2.1 Dias para o início da floração

Os dias necessários para o início da floração foram significativamente influenciados pelos diferentes genótipos. Uma floração significativamente mais precoce foi observada no genótipo MG-9-1 (41,23 dias). Os genótipos MG-2-2 (47,16 dias), MG-6-2 (47,31 dias), MG-5-3 (47,34 dias) e MG-4-3 (49,61 dias) foram iguais ao genótipo MG-9-1. O genótipo MG-13-1 exigiu significativamente o máximo de dias para o início da floração (62,84 dias). O comportamento de floração precoce ou tardia é uma caraterística genotípica com suporte de base genética, bem como de características fisiológicas.

Observações semelhantes foram registadas por Zosiamliana *et al.* (2011) e Jagtap (2013) na áster da China e por Mohanty *et al.* (2003) na calêndula.

5.1.2.2 Dias até 50% de floração

Os dados relativos à observação dos dias necessários para 50% de floração foram registados durante este curso de investigação. Os dados mostram que não houve qualquer diferença significativa entre os diferentes genótipos de Gaillardia. Os dados mostram que os dias necessários para 50% de floração foram mais baixos no genótipo

MG-9-1 (64,38 dias) e mais altos no genótipo MG-13-1 (78,94 dias).

Estes resultados foram contrariados por Agale (2012) em gaillardia e Bhuyar *et al.* (2004) em gerbera.

5.1.2.3 Diâmetro da flor (cm)

O diâmetro da flor é um carácter importante para a qualidade da flor e, no presente estudo, parece ser uma caraterística do genótipo. O diâmetro máximo da flor (6,93 cm) foi registado no genótipo MG-7-2, seguido do genótipo MG-9-1 (6,82 cm), que estava ao mesmo nível do genótipo MG-7-2. O diâmetro mínimo da flor foi registado pelo genótipo MG-4-3 (4,25 cm). Esta variação pode ser devida a diferenças na composição genética dos genótipos.

As presentes constatações relativas ao tamanho da flor estão em estreita afirmação com as observações registadas por Agale (2012) e observaram que o diâmetro máximo significativo da flor foi produzido pelo MG-6 (7,27 cm) em relação aos restantes genótipos. O diâmetro das flores dos restantes genótipos variou entre 4,67 e 6,47 cm.

Do mesmo modo, Kale (2002) estudou a variabilidade, a hereditariedade, a correlação e a análise de percurso em gaillardia e referiu que o diâmetro máximo das flores foi registado em KRC-1 (6,03 cm), enquanto que o mínimo foi registado em Bangalore Local (4,73 cm).

Também Kulkarni e Reddy (2006) estudaram o desempenho de seis cultivares de China aster nas condições do Norte de Karnataka e referiram que a cv. Phule Ganesh White apresentou um diâmetro máximo de flor (8,2 cm), seguida da cv. Phule Ganesh Purple (6,8 cm) e o diâmetro mínimo da flor registado na cv. Kamini (5,8 cm), seguida da cv. Violet Cushion e Phule Ganesh Violet (6,3 cm).

5.1.2.4 Número de florzinhas de raios por flor

O número de flores de raios por flor foi significativamente influenciado pelos diferentes genótipos. O número significativamente máximo de flores de raio por flor foi registado pelo genótipo MG-5-1 (148,40) e o mínimo no genótipo MG-8-1 (99,30). A variação no número de florzinhas de raio por flor pode ser devida a características genéticas.

Estes resultados estão de acordo com Agale (2012) em gaillardia e observou que o número significativamente máximo de florzinhas de raio por flor foi registado por MG-9 (147,53) seguido por MG-5 (147,50). Os demais genótipos variaram de 94,07 a 134,27.

Também Swaroop *et al.* (2008) avaliaram o crisântemo e relataram que o número mais elevado de flores de raios foi registado na variedade Thai Chin Queen (276,33) e o mínimo na variedade Snowball (89,33) em 2005. Por outro lado, o número máximo de flores de raio foi registado na variedade Flirt (308,66) e o mínimo na Snowball (90,00) em 2006.

5.1.3.5 Comprimento do pedúnculo floral (cm)

Os dados indicam que o comprimento do pedúnculo floral variou significativamente com os diferentes genótipos. O comprimento máximo do pedúnculo floral foi significativamente observado no genótipo MG-2-2 (17,62 cm). Os genótipos MG-3-3 (17,53 cm), MG-10-4 (16,93 cm), MG-4-3 (16,82 cm), MG-4-4 (16,63 cm), MG-7-2 (16-58 cm), MG-9-4 (16,56 cm), MG-3-1 (16,31 cm), MG-5-5 (15.98 cm), MG-5-1 (15,81 cm), MG-8.1 (15,75 cm), MG-9-3 (15,75 cm), MG-9-1 (15,65 cm), MG-4-1 (15,63 cm) e MG-10-2 (15,43 cm) foram iguais ao genótipo MG-2-2. O comprimento mínimo do pedúnculo floral foi registado pelo genótipo MG-1-4 (7,73 cm). A variação no comprimento do pedúnculo floral pode ser devida a características genéticas.

Resultados semelhantes foram registados por Agale (2012) em gaillardia e Swaroop *et al.* (2004) na China, que referiram que o comprimento do pedúnculo floral foi produzido (24,40 cm) no máximo por Delhi Local, enquanto o mínimo (9,80 cm) em Poornima.

5.1.3.6 Espessura do pedúnculo floral

Os dados relativos à observação da espessura do pedúnculo floral foram registados durante este curso de investigação. Os dados mostram que as diferenças entre os tratamentos não foram significativas. A espessura máxima do pedúnculo floral foi registada pelos genótipos MG-1-3 e MG-5-2 (3,1 mm cada).

Resultados semelhantes foram relatados por Agale (2012) em gaillardia e observaram que não houve diferenças significativas entre os genótipos de gaillardia. A espessura máxima do pedúnculo floral (3,0 mm) foi registada em MG-1, MG-5, MG-6, MG-7, MG10 e MG-13.

5.1.3 Caracteres de rendimento

As observações sobre o número de flores por planta, o rendimento de flores por planta (g), o peso de 100 flores (g), o peso de flores por parcela (kg), o peso de flores por hectare (tonelada) e o prazo de validade (dias) foram registados e os dados são apresentados no quadro 6, tal como no capítulo anterior.

5.1.3.1 Número de flores por planta

Os dados indicam que o número de flores por planta variou significativamente com os diferentes genótipos. O número máximo de flores por planta foi obtido pelo genótipo MG-2-2 (288,35). Os genótipos MG-7-1 (263,23), MG-9-1 (242,43), MG-6-2 (228,71), controlo local (226,91) e MG-8-2 (221,10) foram iguais ao genótipo MG-2-2. O número mínimo de flores por planta foi registado pelo genótipo MG-5-4 (102,05). A variação no número de flores por planta pode ser devida a características genéticas.

Esta constatação foi apoiada por Agale (2012). Ele estudou o desempenho de catorze genótipos de gaillardia e relatou que o número máximo de flores foi produzido por MG-9 (247,00) seguido por MG-6 (237,46), que foram estatisticamente iguais entre si. Os outros genótipos variaram de 190,83 a 210,46.

Um resultado semelhante foi observado por Palai (2009). Ele trabalhou em estudos comparativos sobre o desempenho do crisântemo em spray em estufa aberta e naturalmente ventilada e relatou que o número de flores por planta foi maior na cv. Ratlam selection (8,29) e a cv. Arka Ravi registou o valor mais baixo (94,46).

5.1.3.2 Peso das flores por planta (g)

Os dados indicam que a produção de flores por planta variou significativamente com os diferentes genótipos devido ao diâmetro da flor, ao número de floretes por planta e ao número de flores por planta. O rendimento máximo de flores por planta foi obtido no genótipo MG9-1 (631 g), seguido pelos genótipos MG-7-2 (600,76 g), MG-6-2 (588,31 g), MG-2-2 (563,13 g), MG-5-5 (535,69 g) e MG-2-1 (531,09 g), que estavam a par do genótipo MG-9-1. A produção mínima de flores por planta foi registada pelo genótipo MG-4-3 (317,74 g).

Esses resultados foram confundidos por Agale (2012) em gaillardia. O peso das flores por planta foi significativamente maior no MG-9 (496,80 g), seguido pelo MG-6 (460,30 g), que foi estatisticamente igual entre si. Os demais genótipos variaram de 328,90 a 423,6 g.

Os presentes resultados experimentais estão em conformidade com as conclusões comunicadas por Jagtap (2013) na China aster e referem que o peso máximo da flor por planta foi registado na cv. Phule Ganesh White (204,9 g), enquanto o mínimo na cv. Local-2 (83,33 g).

5.1.3.3 Peso de 100 flores (g)

No presente estudo, o peso máximo de flores foi registado significativamente pelos genótipos MG-7-2 (333 g) e MG-9-1 (333 g) e o peso mínimo de flores foi registado pelo genótipo MG-4-3 (179 g). Isso pode ser devido ao diâmetro máximo da flor e ao número máximo de florzinhas de raio.

Achados semelhantes também foram relatados por Agale (2012) em gaillardia e observou que o peso máximo das flores foi registado significativamente por MG-6 (420 g). Os outros genótipos variaram de 270 a 380 g.

5.1.3.4 Rendimento de flores por parcela (kg)

O genótipo MG-9-1 (12,02 kg) registou uma produção significativamente maior de flores por parcela. A produção mínima de flores (5,96 kg) por parcela foi registada pelo genótipo MG-4-3.

Resultados semelhantes foram relatados por Kadam (2014) no seu estudo sobre a avaliação de diferentes genótipos de calêndula e observou que a variedade Double Orange (3,53 kg) foi significativamente maior em relação ao rendimento de flores por parcela do que todas as outras variedades, exceto a variedade Culcutta (3,40 kg).

5.1.3.4 Rendimento de flores por hectare (tonelada)

Com base na produção de flores por parcela, foi calculada a produção por hectare e as diferenças entre os tratamentos foram significativas. O genótipo MG-9-1 produziu significativamente a maior produção de flores (33,30 t/ha). A produção mínima de flores (16,50 t/ha) foi registada pelo genótipo MG-4-3.

Esta constatação está de acordo com Agale (2012) em gailladia e observou que o genótipo MG-9 teve um rendimento máximo (36,68 t/ha) de flores por hectare, seguido do MG-6 (33,98 t/ha). A produção de flores variou de 24,20 a 31,37 t/ha.

Da mesma forma, Poornima *et al.* (2009), na China, observaram que o rendimento máximo de flores da cv. Violet Cushion (8,82 toneladas) foi significativamente superior a todas as cultivares. A produção mínima de flores foi observada na cv. Poornima (5,03 toneladas).

5.1.3.5 Prazo de validade (dias)

Os dados indicam que a vida de vaso das flores cortadas variou significativamente com os diferentes genótipos. O tempo de vida de vaso significativamente máximo foi observado no genótipo MG-5-5 (4,73 dias), seguido pelos genótipos MG-9-1 (4,52 dias), MG-5-3 (4,51 dias), MG-6-2 (4,49 dias), MG-13-1 (4.47 dias), MG-4-2 (4,44 dias), MG-2-2 (4,43 dias), MG-2-1 (4,39 dias), MG-5-2 (4,39 dias), MG-3-1 (4,37 dias), MG-7-2 (4,37 dias) e MG-6-1 (4,33 dias) foram iguais ao genótipo MG-5-5. A vida de vaso mínima foi observada no genótipo MG-11-1 (3,65 dias). Nas flores soltas, o tempo de conservação significativamente máximo foi observado no genótipo MG-5-5 (2,52 dias), seguido pelos genótipos MG-2-2 (2,49 dias), MG-9-1 (2,39 dias), MG-7-2 (2,30 dias), MG-13-1 (2,27 dias), MG-6-2 (2,21 dias) e MG-10-2 (2,20 dias), que foram iguais ao genótipo MG-5-5. O tempo mínimo de conservação foi observado no genótipo MG-12-2 (1,78 dias). A variação na vida de vaso das flores cortadas, bem como na vida de prateleira das flores soltas, pode ser devida a características genéticas.

Esses achados foram confundidos por Agale (2012) em gaillardia e mostraram que a vida de vaso dos genótipos MG-3, MG-5 e MG-13 tiveram vida de vaso máxima (4,00 dias). Os outros genótipos variaram de 3,33 a 3,66.

Também Khanvilkar *et al.* (2003) avaliaram o desempenho da calêndula africana e observaram que o maior tempo de vida do vaso de flores foi registado na variedade Orange Boom (8,27 dias), enquanto o mínimo foi registado na variedade local (4,72 dias).

5.2 Caracteres qualitativos

5.2.1 Cor da flor

Verificou-se uma diferença na cor das flores produzidas nos diferentes genótipos. A cor das flores foi registada através da comparação dos raios florais com a tabela de cores da Royal Horticulture Society. A cor da flor Aureolina foi observada nos genótipos MG-4-3 e MG-7-3. A cor da flor Amarelo Limão foi observada nos genótipos MG-3-1, MG-5-1, MG-5-3, MG-6-2, MG-8-1, MG-9-2, MG-10-1, MG-10-3, MG-10-5, MG-12-2, MG13-1 e MG-14-1. A cor da flor Amarelo Buttercup foi observada nos genótipos MG-1-3, MG-1-4, MG-2-2, MG-3-2, MG-3-4, MG-4-2, MG-4-4, MG-5-4, MG-7-2, MG-8-2, MG-9-4 e MG-12-1. A cor da flor amarela indiana foi observada nos genótipos MG-2-1, MG-3-3, MG-4-1, MG-5-2, MG-5-5, MG-6-1, MG-7-1, MG-9-1, MG-9-3, MG-10-2, MG-10-4, MG-11-1, MG-12-3 e no controle local.

Resultados semelhantes foram relatados por Agale (2012) em gaillardia e observou a variação de cor em diferentes genótipos de gaillardia. Aureolina em MG-2, MG-8, MG-11 e MG-13. A cor da flor Amarelo Limão foi registada em MG-3, MG-5, MG-9, MG-10, MG-12 e MG-14, Amarelo Indiano em MG-1, MG-4, MG-7.

5.2.2 Forma da pétala

Os dados revelaram que os diferentes genótipos apresentam uma variação menor no que respeita à forma das pétalas. A forma das pétalas dos genótipos MG-4-2, MG-5-3, MG-6-2, MG-7-2, MG-10-1 e MG-10-5 de gaillardia mostrou-se estreita com ponta pontiaguda e os restantes genótipos mostraram-se estreitos com ponta romba.

5.2.3 Pubescência

No presente estudo, revelou-se que os diferentes genótipos apresentam variações no que respeita à sua pubescência. Os genótipos MG-6-1 e MG-14-1 apresentaram pubescência densa. Os genótipos MG-2-1, MG-3-1, MG-5-4, MG-7-1 e MG-10-2 apresentaram pubescência média. Os genótipos MG-1-3, MG-1-4, MG-2-2, MG-3-2, MG-3-3, MG-3-4, MG-4-1, MG-4-2, MG-4-3, MG-4-4, MG-5-1, MG-5-2, MG-5-3, MG-5-5, MG-6-2, MG-7-2, MG-7-3, MG-8-1, MG-8-2, MG-9-1, MG-9-2, MG-9-3, MG-9-4, MG-10-1, MG-10-3, MG-10-4, MG-10-5, MG-11-1, MG-12-1, MG-12-2, MG-12-3 e o controlo local tiveram comparativamente baixa pubescência.

6. RESUMO E CONCLUSÃO

6.1 Resumo

A presente investigação intitulada "Avaliação de diferentes genótipos de Gaillardia (*Gaillardia pulchella* L.)" foi iniciada no Jardim Modibaug, Secção de Horticultura, Faculdade de Agricultura, Pune, em 20152016. A experiência foi organizada num esquema de blocos aleatórios com quarenta genótipos replicados duas vezes. O objetivo da investigação foi avaliar os diferentes genótipos de gaillardia para caracteres *quantitativos* (caracteres de crescimento, caracteres de floração e caracteres de rendimento) e caracteres qualitativos. Os resultados são resumidos a seguir.

A variação considerável na altura da planta foi exibida pelos diferentes genótipos durante os diferentes estágios de crescimento. Entre os quarenta genótipos avaliados, o genótipo MG-10-2 (102,86 cm) registou uma altura de planta significativamente mais elevada (80,52 cm), (99,50 cm) e (102,86 cm) aos 90, 120 e 150 dias após o transplante, respetivamente. O genótipo MG-10-4 (79,39 cm) registou a altura de planta mais baixa aos 150 DAT e o seu crescimento foi menor.

A propagação da planta na direção (E-W) foi significativamente máxima no genótipo MG-9-1 (90,28 cm) e a propagação mínima da planta foi registada pelo genótipo MG-7-3 (48,39 cm). A propagação da planta na direção (N-S) foi a mais elevada no genótipo MG-3-2 (80,34 cm). A dispersão mínima das plantas foi registada pelo genótipo MG-14-1 (39,61 cm).

O número de tranças primárias por planta foi significativamente máximo no genótipo MG-7-2 (21,48) e o número mínimo de tranças primárias por planta foi registado pelo genótipo MG-3-4 (7,95). O número de tranças secundárias por planta foi significativamente máximo no genótipo MG-9-1 (58,50) e o número mínimo de tranças secundárias por planta foi registado pelo genótipo MG-6-1 (25,07).

O genótipo MG-9-1 apresentou um início de floração significativamente precoce

(41,23 dias) e que foi igual ao dos genótipos MG-2-2, MG-6-2 e MG-4-3. O genótipo MG-13-1 exigiu significativamente o máximo de dias para o início da floração (62,84 dias).

Os dias para 50% de floração foram mais baixos no genótipo MG-9-1 (64,38 dias) e mais altos no genótipo MG-13-1 (78,94 dias), mas as diferenças entre os tratamentos não foram significativas.

O diâmetro máximo da flor (6,93 cm) foi significativamente registado no genótipo MG-7-2 e o diâmetro mínimo da flor foi registado no genótipo MG-4-3 (4,25 cm).

O número significativamente máximo de flores de raio por flor foi registado pelo genótipo MG-5-1 (148,40). Os 27 genótipos mostraram floretes de raio na gama de 139,50 a 148,20 e todos estão a par com o genótipo MG-5-1 e o mínimo no genótipo MG-8-1 (99,30).

O genótipo MG-2-2 registou significativamente o comprimento máximo do pedúnculo floral (17,62 cm), mas estava ao mesmo nível de 14 genótipos, com uma variação de MG-3-3 (17,53 cm) a MG-10-2 (15,43 cm). O comprimento mínimo do pedúnculo floral foi observado no genótipo MG-1-4 (7,73 cm)

Os genótipos MG-1-3 e MG-5-2 apresentaram espessura máxima do pedúnculo floral (3,1 mm), mas as diferenças entre os tratamentos não foram significativas.

O número máximo de flores por planta foi registado pelo genótipo MG-2-2 (288,35), mas foi igual ao dos genótipos MG-7-1 (263,23), MG-9-1 (242,43), MG-6-2 (228,71), controlo local (226,91) e MG-8-2 (221,10). O número mínimo de flores por planta foi registado pelo genótipo MG-5-4 (102,05).

A produção de flores por planta foi significativamente mais alta no genótipo MG-9-1 (631,00 g) e que estava a par com o genótipo MG-7-2 (600,76 g), MG-6-2 (588,31 g), MG2-2 (563,13 g), MG-5-5 (535,69 g) e MG-2-1

(531.09 g). A menor produção de flores foi registada no genótipo MG-4-3 (317,74 g).

O peso máximo de 100 flores foi registado significativamente por MG-7-2 (333 g) e MG-9-1 (333 g) e que estavam a par com o genótipo MG-4-4 (271 g) e MG-5-4 (264 g). O peso mínimo da flor foi registado pelo genótipo MG-4-3 (179 g).

O genótipo MG-9-1 registou significativamente a maior produção de flores (12,02 kg/parcela) e (33,30 t/ha). Os genótipos MG-7-2 (31,62 t/ha), MG-6-2 (30,93 t/ha), MG-2-2 (29,54 t/ha), MG-5-5 (28,02 t/ha) e MG-2-1 (27,76 t/ha) registaram a maior produção de flores e todos estão a par do genótipo MG-9-1. O genótipo MG-4-3 registou a menor produção de flores (16,50 t/ha).

Entre os genótipos avaliados, o MG-5-5 (4,73 dias) registou um tempo de vida de vaso significativamente máximo em flores de corte, seguido pelo MG-9-1 (4,52 dias), MG-5-3 (4,51 dias), MG-6-2 (4.49 dias), MG-13-1 (4,47 dias), MG-4-2 (4,44 dias), MG-2-2 (4,43 dias), MG-2-1 (4,39 dias), MG-5-2 (4,39 dias), MG-3-1 (4,37 dias), MG-7-2 (4,37 dias) e MG-6-1 (4,33 dias). O genótipo MG-11-1 (3,65 dias) foi o que apresentou menor tempo de vida em vaso. Em flores soltas, a vida útil máxima foi registada pelo genótipo MG-5-5 (2,52 dias), seguido pelos genótipos MG-2-2 (2,49 dias), MG-9-1 (2,39 dias), MG-7-2 (2,30 dias), MG-13-1 (2,27 dias), MG-6-2 (2,21 dias) e MG-10-2 (2,20 dias). O tempo mínimo de conservação foi observado no genótipo MG-12-2 (1,78 dias).

Houve diferença na cor das flores produzidas nos diferentes genótipos. A cor da flor Aureolim foi observada nos genótipos MG-4-3 e MG-7-3. A cor da flor Amarelo Limão foi observada nos genótipos MG-3-1, MG-5- 1, MG-5-3, MG-6-2, MG-8-1, MG-9-2, MG-10-1, MG-10-3, MG-10-5, MG-12-2, MG13-1 e MG-14-1. A cor da flor Amarelo Buttercup foi observada nos genótipos MG-1-3, MG-1-4, MG-2-2, MG-3-2, MG-3-4, MG-4-2, MG-4-4, MG-5-4, MG-7-2, MG-8-2, MG-9-4 e MG-12-1. A cor da flor amarela indiana foi observada nos genótipos MG-2-1, MG-3-3, MG-4-1, MG-5-2, MG-5-5, MG-6-1, MG-7-1, MG-9-1, MG-9-3, MG-10-2, MG-10-4, MG-11-1, MG-12-3 e no controle local.

A forma das pétalas dos genótipos MG-4-2, MG-5-3, MG-6-2, MG7-2, MG-10-1 e MG-10-5 de gaillardia mostrou-se estreita com ponta pontiaguda e os restantes genótipos mostraram-se estreitos com ponta romba.

Os genótipos MG-6-1 e MG-14-1 apresentaram pubescência densa. Os genótipos MG-2-1, MG-3-1,   MG-5-4, MG-7-1 e MG-10-2 apresentaram

pubescência média. Os genótipos MG-1-3, MG-1-4, MG-2-2, MG-3-2, MG-3-3, MG-3-4, MG-4-1, MG-4-2, MG-4-3, MG-4-4, MG-5-1, MG-5-2, MG-5-3, MG-5-5, MG-6-2, MG-7-2, MG-7-3, MG-8-1, MG-8-2, MG-9-1, MG-9-2, MG-9-3, MG-9-4, MG-10-1, MG-10-3, MG-10-4, MG-10-5, MG-11-1, MG-12-1, MG-12-2, MG-12-3 e o controlo local apresentaram baixa pubescência.

6.2 Conclusão

Com base nos resultados obtidos na presente experimentação de um ano, conclui-se que os genótipos *viz.*, MG-9-1, MG-7-2, MG-6-2, MG-2-2-2, MG-5-5 e MG-2-1 apresentaram melhor desempenho de crescimento para a altura da planta, propagação e ramos por planta. Todos estes genótipos apresentaram melhor desempenho em relação aos caracteres de flor e rendimento. A partir destes genótipos de gaillardia, podem ser desenvolvidas variedades heterogéneas. Todos estes genótipos, com boa qualidade de flor e atributos de rendimento, são promissores para melhoramento futuro da gaillardia.

6.3 Futura linha de trabalho

Os resultados obtidos a partir das presentes investigações revelaram que os genótipos MG-9-1, MG-7-2, MG-6-2, MG-2-2, MG-5-5 e MG-2-1 são considerados mais produtivos e devem ser utilizados para futuros programas de melhoramento da gaillardia.

Além de explorar a cultura de genótipos de gaillardia, é necessário realizar estudos detalhados sobre vários aspectos, como o melhoramento da cultura como um trabalho de melhoramento, a normalização de práticas agronómicas, como o espaçamento, a época de plantação, os adubos e fertilizantes, a utilização de reguladores de crescimento das plantas, a localização e a resistência a várias pragas e doenças no futuro.

115

Capítulo 7

7. LITERATURA CITADA

Agale, M. G. 2012. Desempenho de diferentes genótipos de gaillardia (*Gaillardia pulchella* L.) Tese de Mestrado (Hort.) apresentada a Mahatma Phule Krishi Vidyapeeth, Rahuri (Maharashtra).

Ambad, S. N., Banker, M. C., Mulla, A. L., Thakor, N. J. e Takte, R. L. 2001. Uma nova técnica de baixo custo para o cultivo de gerbera em estufa. *Indian Horticulture*, 45: 16-17.

Anónimo. 2015. Base de dados hortícola indiana, Conselho Nacional de Horticultura (NHB), Gurgaon (www.nhb,gov,in).

Atwood, S. 1937. *Cellule*, 46: 389.

Baskaran, V., Janakiram, T. e Jayanthi, R. 2009. Avaliação da pós-qualidade de algumas cultivares de crisântemo. *Journal of Ornamental Horticulture*, 12 (1): 59-61.

Bhati, R. A. e Chitkara, S. D. 1989. Uma nota sobre o desempenho comparativo de três cultivares de calêndula. *Journal of Horticulture Science*, 17 (34): 204-206.

Bhuyar, A. R., Khiratkar, S. D., Shahakar, A. W., Dharmik, Y. B., Deshmukh, N. A. e Golliwar, V. J. 2004. Crescimento, qualidade e rendimento da gerbera em condições de estufa. *Journal of Soils and Crops.* 14 (2): 317-319.

Borate, Y. S. 2002. Ensaio de variedades de gerbera sob rede de sombra. Tese apresentada para obtenção do grau de Mestre em Ciências Agrárias no Dr. Balasaheb Sawant Konkan Krishi Vidyapeeth, Dapoli, Dist. Ratnagiri, Maharashtra.

Bose, T. K., Yadav, L. P., Pal, P., Das, P. e Parthasarthy, V. 2003. Commercial flowers. 2nd Edition. Naya Udyog, Kolkata. Vol. 2: 852853.

Carig, R. M. 1977. *Proc. Flo. Sta. Hort. Soc.*, 90: 108-110.

Chavan, M. D., Jadhav, P. B. e Rugge, V. C. 2010. Desempenho das variedades de áster da China e sua resposta a diferentes níveis de azoto. *Indian Journal Horticulture.* 67: 378-381.

Chezhiyan, N., Pannuswany e Thamburaj, S. 1985. Avaliação de cultivares de crisântemo. *South Indian Horti.*, 33 (4): 279-282.

Cooper, D. C. e Mahony, K. L. 1936. *Amer. J. Bot.*, 22: 843.

Cox, R. A. e Klett, J. E. 1984. *Hort Science*, 19: 856-858.

Dalal, S. R., Gonge, V. S., Mohariya, A. D. e Anuje, A. A. 2005. Performance of different varieties of gerbera (*Gerbera jamesonii* Bolus ex Hooker F.) under polyhouse condition. *Adv. Plant Sci.*, 18 (1): 269-272.

Damake, M. M., Jadhao, B. J., Patil, V. S. e Headau, C. V. 1997. Estudos sobre o desempenho comparativo de variedades de crisântemo. *PKV Research Journal*, 21 (2): 164-165.

Damake, M. M., Jadhao, B. J., Patil, V. S. e Headau, C. V. 1998. Desempenho de variedades de crisântemo para a produção de flores. *PKV Research Journal*, 22 (1): 148-150.

Dhane, R. A., Patil, P. V., Dhane, A. V. e Jagtap, K. B. 2004. Performance of some exotic gerbera cultivars under naturally ventilated polyhouse conditions. *Journal of Maharashtra Agricultural University*, 29 (3): 356-358.

Dhane, R. A. 2003. Desempenho varietal de cultivares exóticas de gerbera em condições de estufa com ventilação natural. Dissertação de mestrado (Agri.) apresentada a Mahatma Phule Krishi Vidyapeeth, Rahuri (Maharashtra).

Dhiman, M. R. 2003. Avaliação do germoplasma de crisântemo para cultivo comercial nas condições do vale de Kullu. *Journal of Ornamental Horticulture*, 6 (4): 394-396.

Dilta, B. S., Sharma, Y. D. e Verma, V. K. 2005. Avaliação de cultivares de crisântemo na região subtropical de Himachal Pradesh. *J. Orna. Hort.*, 8 (2): 149-151.

Dona, A. T., Sujata, K., Jayanti, R. e Sangama. 2004. Comparative performance of sucker and tissue culture propagated plants of gerbera under polyhouse. *Journal of Ornamental Horticulture*, 7(1): 31-37.

Gadage, N. A. 2006. Avaliação de cultivares de crisântemo (*Chrysanthemum morifolium* Ramat.) para flores de corte. Tese de Mestrado (Agri.) apresentada a Mahatma Phule Krishi Vidyapeeth, Rahuri, Maharashtra.

Gaikwad, A. M. e Dumbre Patil, S. S. 2001. Evaluation of chrysanthemum varieties under open and polyhouse condition. *Journal of Ornamental Horticulture*, New Series, 4 (2): 95-97.

Gaikwad, A. M., Katwate, S. M. e Nimbalkar, C. A. 2002. Evaluation of chrysanthemum varieties under polyhouse conditions (Avaliação de variedades de crisântemos em condições de estufa). *South Indian Horticulture*, 50 (4-6): 624-628.

Howe, T. K. e Waters, W. E. 1982. Avaliação da floração de calêndula e zínia anuais . *Proc. Flo. State Hort. Soc.*, 95: 282-285.

Isac, D. e Chezhiyan, N. 2002. Avaliação de cultivares de crisântemo para rendimento e características relacionadas. *South Indian Horticulture*, 50 (4-5): 444-450.

Jagtap, H. D. 2013. Avaliação de genótipos de áster da China (*Callistephus chinensis* (L.) Nees.). Tese de mestrado (Agri.) apresentada a Mahatma Phule Vidyapeeth, Rahuri, (Maharashtra).

Joshi, M., Varma, L. R. e Masu, M. M. 2009. Desempenho de diferentes variedades de crisântemo na produção de flores nas condições de Gujarat do Norte. *Journal of Maharashtra Agricultural Univercity*, 34 (2): 170- 172.

Kadam, P. T. 2014. Avaliação de diferentes genótipos de calêndula (*Tagetes erecta*

L.). Dissertação de mestrado (Agri.) apresentada a M Mahatma Phule Vidyapeeth, Rahuri, Rahuri, (Maharashtra).

Kale, V. 2002. Variabilidade, hereditariedade, correlação e análise de caminhos em Gaillardia (*Gaillardia pulchella*). Tese de mestrado (Agri.) apresentada à University Agricultural Sciences, Dharwad (Karnataka).

Kandpal, K., Kumar, S., Srivastava, R. e Chandra, R. 2003. Avaliação de cultivares de gerbera (*Gerbera jamesonii* Bolus) nas condições do Tarai. *Journal. Orna Horticulture*, 6 (3): 252-255.

Katwate, S. M., Dumbre Patil, S. S., Patil, M. T. e Bhujbal, B. G. 1992. Performance of newly evolved cultivars of chrysanthemum. *Jornal da Universidade Agrícola de Maharashtra*, 17 (1): 152-153.

Kelly, R. O., Harbaugh, B. K. 2002. Avaliação de cultivares de calêndula como plantas de cama na Flórida Central. *Hort. Technology,* 12 (3): 477-484.

Khanvilkar, M. H., Kokate, K. D. e Mahalle, S. S. 2003. Desempenho da planta africana   (*Tagetes erecta*) na zona costeira do Konkan Norte de

Maharashtra. *Jornal da Universidade Agrícola de Maharashtra*, 28 (3): 333-334.

Kim, J. Y., Hong, V. P., Shin, H. K. e Shin, R. W. 1990. Estudos sobre o cultivo de flor de corte de gerbera durante todo o ano. Relatório de Investigação do Desenvolvimento Rural. Administração, Coreia, 82 (1): 36-43.

Kulkarni, B. S. e Reddy, B. S. 2006. Crescimento vegetativo e produção de flores influenciados por diferentes cultivares de China aster. *Haryana Journal of Horticultural Science*, 35 (3-4): 269.

Liffering, L. 1975. Efeito da temperatura do comprimento do dia na produção de rebentos e flores de gerbera. *Ata Horticulturae*, 51: 263-265.

Mahawer, L. N., Bairwa, H. L., Kaushik, R. A. e Shukla, A. K. 2009. Blanket flower for decoration. *Indian Horticulture*, 54 (6): 26-27.

Mehta, S. H., Nadkarni, H. R. e Rangawala, A. D. 1995. Desempenho da calêndula africana (*Tagetes erecta*) na região Konkan de Maharashtra. *Indian Journal of Agricultural Science*, 65 (11): 810-812.

Mishra, H. N., Das, J. N. e Palai, S. K. 2006. Estudos de variabilidade genética em crisântemo do tipo spray. *Orissa Journal of Horticulture*, 34 (1): 8-12.

Mishra, H. P. 1999. Avaliação de variedades de crisântemo de flor pequena para a cintura calcária do norte de Bihar. *Indian Journal of Horticulture*, 56 (2): 184-188.

Mohanty, A., Mohanty, C. R. e Mahapatra, K. C. 2003. Estudos de heterose em calêndula africana. *J. Orna. Hort.*, 6 (1): 55-57.

Moringa, Y., Fukushima, E., Kano, T. e Yamasaki, Y. 1929. *Bot. Mag. Tokyo*, 43: 589.

Naik, B. H., Chauhan, N., Patil, A. A., Patil, V. S. e Patil, B. C. 2006. Comparative performance of gerbera (*Gerbera jamesonii*) cultivars under naturally ventilated polyhouse. *Journal of Ornamental Horticulture*, 9 (3): 204-207.

Nair, S. A. e Medhi, R. P. 2002. Desempenho de cultivares de gerbera na Ilha da Baía. *Indian Journal of Horticulture*, 59 (3): 322-325.

Namita, Singh, K. P., Raju, D. V. S., Prasad, K. V. e Bharadwaj, C. 2008.

Estudos sobre a variabilidade genética, a hereditariedade e o avanço genético em genótipos de calêndula francesa (*Tagetes patula*). *Journal of Ornamental Horticulture*, 12 (1): 30-34.

Nirmal, P. G. 2004. Desempenho de cultivares de gerbera em termos de quantidade e qualidade como cultura de segundo ano em estufa. Tese de Mestrado (Agri.) apresentada a Mahatma Phule Krishi Vidyapeeth, Rahuri (Maharashtra).

Palai, S. K., Mohpatra, A., Patnaik, A. K. e Das, P. 1999. Avaliação da pulverização de crisântemo para a floricultura comercial sob

Condições de Bhubaneswar. *Orissa Journal of Horticulture*, 27 (1): 3436.

Palai, S. K., 2009. Estudos comparativos sobre o desempenho do crisântemo pulverizado em estufa aberta e com ventilação natural. *Journal of Ornamental Horticulture*, 12 (2): 138-141.

Panchaude-Mattei, E. 1990. *Revue Horticole*, 309: 29-31.

Panse, U. G. e Sukhatme, P. V. 1985. Statistical methods for agricultural workers, ICAR, New Delhi, pp: 145-152.

Parmar, A. S. e Singh, S. N. 1983. Efeito dos reguladores de crescimento das plantas no crescimento e nos caracteres de floração da calêndula africana (*Tagetes erecta* L.). *South Indian Horticulture*, 31 (1): 53-54.

Parthasarthy, V. A. e Nagaraju, V. 2003. Experiência de avaliação da gerbera em Meghalaya. *Journal of Ornamental Horticulture*, 6 (4): 376-380.

Patil, S. B., Dumbre Patil, S. S. e Gaikwad, A. M. 2002. Avaliação de variedades de gerbera em estufa. Tendência da investigação no domínio da floricultura na Índia. Actas do Simpósio Nacional sobre Floricultura Indiana no Novo Milénio. Lalbaugh, Bangalore, 25-27 de fevereiro de 2002, pp. 315-317: 315-317.

Patil, S. J. 2001. Desempenho das variedades de gerbera (*Gerbera jamesonii*) em condições de estufa. Tese de Mestrado (Agri.) apresentada a Mahatma Phule Krishi Vidyapeeth, Rahuri (Maharashtra).

Poornima. G., Kumar, D. P. e Seetharamu, G. K. 2006. Avaliação de genótipos de áster da China (*Callestephus chinensis* (L.) Ness) na zona montanhosa de Karnataka. *Journal of Ornamental Horticulture*, 9 (3): 208-211.

Raghuvanshi, A. e Sharma, B. P. 2011. Avaliação varietal de calêndula (*Tagetes patula*) na zona média de Himachal Pradesh. *Prog. Agric.*, 11 (1): 123-126.

Ravindran, D. V. L., Rao, R. R. e Reddy, E. N. 1986. Effect of spacing and nitrogen levels on growth and flowering of marigold (*Tagetes erecta* L.). *South Indian Horticulture*, 34 (5): 320-323.

Robinson, M. L. e Schultz, U. E. 1995. *Proc. Florida State Hort. Soc.*, 107: 194-196.

Sane, A. e Narayana Gowda, J. V. 2001. Caracterização de genótipos de gerbera (*Gerbera jamesonii*) utilizando caracteres morfológicos. Plant Genetic Resources Newsletter, 128: 64-67.

Sharga, A. N., Motilal, V. S. e Basario, K. K. 1973. Estudos de desempenho de algumas variedades de calêndula. *Progressive Horticulture*, 4 (3-4): 71-76.

Sharma, A. K., Sharma, R., Gupta, Y. C. e Sud, G. 2003. Effect of planting time on growth and flower yield of marigold (*Tagetes erecta*) under sub-mountain low hills of Himachal Pradesh. *Indian Journal of Agricultural Science*, 73 (2): 94-96.

Singatkar, S. S., Sawant, R. B., Ranpise, S.A. e Wavhal, K. N. 1995. Effect of different levels of N, P and K on growth and flower production of Gaillardia. *Jornal da Universidade Agrícola de Maharashtra*, 20 (3): 392-394.

Singh, A. (2006). Estudo do desempenho de híbridos de calêndula nas condições de Pune. Tese de Mestrado (Agri.) apresentada a Mahatma Phule Vidyapeeth, Rahuri, pp: 45.60.

Singh, B. e Shrivastava, R. 2008. Varietal evaluation of gerbera as influenced by growing conditions. *Journal of Ornamental Horticulture*, 11 (2): 143-147 .

Singh, D., Kumar, S., Singh, A. K. e Kumar, P. 2008. Avaliação dos genótipos de calêndula africana (*Tagetes erecta*) em Uttarakhand. *Journal of Ornamental Horticulture*, 11 (2): 112-117.

Singh, D., Singh, A. K., Tiwari, J. P. e Singh, Y. V. 2004. Características de crescimento e floração de *Tagetes patula* e *Tagetes minuta* influenciadas pelo germoplasma. *Progressive Horticulture*, 36 (2): 221-224.

Singh, D. e Singh, A. K. 2006. Caracterização de genótipos de calêndula africana utilizando caracteres morfológicos. *Journal of Ornamental Horticulture*, 9 (1): 40-42.

Singh, D., Sen, N. L. e Sindhu, S. S. 2003. Avaliação do germoplasma de calêndula em condições semi-áridas do Rajastão. *Journal of Horticulture Science*, 32 (394): 206-209.

Singh, H. P. 2005. Floriculture industry development in Asia, Indian Hort., 53 (2) 27-35.

Singh, K. P. e Mandhar, S. C. 2001. Performance of exotic cultivars of Gerbera (*Gerbera jamesonii*) under low cost naturally ventilated greenhouse environment. *Indian Journal of Agricultural Science*, 71 (4): 244-248.

Singh, K. P. e Ramchandran, N. 2002. Comparação de estufas com ventilação natural e sistemas de arrefecimento evaporativo com ventilador e almofada para a produção de gerbera. *Journal of Ornamental Horticulture*, 5 (2): 15-19.

Singh, S., Kumar, R. e Poonam. 2008. Evaluations of chrysanthemum (*Dendranthema grandiflora* Tzevlev) open pollinated seedlings for vegetative and floral character. *Journal of Ornamental Horticulture*, 11 (4): 271-274.

Srivastava, S. K., Singh, H. K. e Srivastava, A. K. 2002. Effect of spacing and pinching of marigold (*Tagetes erecta*) on growth and flowering of "Pusa Narangi Gainda" Variety. *Indian Journal of Agricultural Science*, 72 (10): 611-612.

Sreenivasulu, G. B., Kulkarni, B. S., Reddy. B. S. e Adiga, J. D. 2004. Yield and quality parameters as influenced by seasons and genotypes in China aster. *Journal of Ornamental Horticulture*, 7 (3-4): 122-124.

Swaroop, K., Prasad, K. V. e Raju, D. V. S. 2006. Evaluation of standard chrysanthemum cultivar under low cost polyhouse and open field conditions. *Journal of Ornamental Horticulture*, 9 (1): 69-70.

Swaroop, K., Prasad, K. V. e Raju, D. V. S. 2008. Evaluations of chrysanthemum

(*Dendranthema grandiflora* Tzevlev) germplasm in winter season under Delhi condition *Journal of Ornamental Horticulture*, 11 (1): 58-61.

Swaroop, K., Saxena, N. K. e Singh, K. P. 2004. Evaluation of China aster varieties under Delhi condition. *Journal of Ornamental Horticulture*, 7 (1): 127-128.

Talukdar, M. C., Mahanta, S., Sharma, B. e Das, S. 2003. Extent of genetic variation for growth and floral characters in chrysanthemum cultivars under Assam condition. *Journal of Ornamental Horticulture*, 6 (3): 207- 211.

Talukdar, M. C., Mahanta, S. e Sharma, B. 2006. Evaluations of chrysanthemum (*Dendranthema grandiflora* Tzevlev) cultivars under polyhouse cum rain-shelter and open field condition. *Journal of Ornamental Horticulture*, 9 (2): 110-113.

Tiwari, G. N. e Shanker, U. 1994. Evaluation of chrysanthemum (*Chrysanthemum morifolium* Ramat.) cultivars for cut flowers with special reference to export Floriculture Technology, Trades and trends. Oxford e IBH Publication Co. Bombay, pp: 107-109.

Tomar, B. S., Singh, B., Negi, H. C. S. e Singh, K. K. 2004. Effect of pinching on seed yield and quality traits in African marigold. *Journal of Ornamental Horticulture*, 7 (1): 124-126.

Vasudevan, V. e Rao, V. K. 2010. Avaliação de genótipos de gerbera (*Gerbera jamesonii* Bolus ex Hooker F.) em condições de meia encosta dos Himalaias de Garhwal. *Journal of Ornamental Horticulture*, 13 (3): 195-199.

Wankhede, S., Golliar, V. J., Dagwar, S., Athawle, M. e Bhaladhare, N. 2008. Performance of gerbera varieties under shade net. *Journal of Soils and Crops*, 14 (2): 383-387.

Yadav, R. M., Dubey, P. e Asati, B. S. 2004. Effect of spacing and nitrogen levels on growth, flowering and flower yield of marigold (*Tagetes erecta* L.). *The Orissa Journal Horticulture*, 32 (1): 41-45.

Zosiamliana, J. H., Reddy, G. S. N. e Rymbai, H. 2011. Avaliação de cultivares de áster da China (*Callestephus chinensis* (L.) *ness*). *Journal of OrnamentalHorticulture*, 14 (3-4): 54-58.

Printed by Books on Demand GmbH, Norderstedt / Germany